空间杆系结构可靠性分析理论

刘国光　武志玮　著

哈尔滨工程大学出版社
Harbin Engineering University Press

内容简介

本书针对空间杆系结构可靠性分析方法展开理论与试验研究,基于应力变化率法、能量法和变刚度分析法等讨论空间杆系结构可靠性的三阶共失效理论;为验证理论分析成果,进行了星型穹顶结构的系列室内模型破坏试验,同时进行了空间杆系结构荷载缓和体系的研究。

本书可作为民航机场工程、机械及土木工程相关专业本科生和研究生教学参考用书。

图书在版编目(CIP)数据

空间杆系结构可靠性分析理论/刘国光,武志玮著. —
哈尔滨:哈尔滨工程大学出版社,2017.7
ISBN 978 - 7 - 5661 - 1581 - 2

Ⅰ.①空… Ⅱ.①刘… ②武… Ⅲ.①杆件—空间结构—结构分析 Ⅳ.①TU323.01

中国版本图书馆 CIP 数据核字(2017)第 193045 号

选题策划 刘凯元
责任编辑 刘凯元
封面设计 博鑫设计

出版发行 哈尔滨工程大学出版社
社　　址 哈尔滨市南岗区南通大街 145 号
邮政编码 150001
发行电话 0451 - 82519328
传　　真 0451 - 82519699
经　　销 新华书店
印　　刷 北京中石油彩色印刷有限责任公司
开　　本 787 mm×1 092 mm　1/16
印　　张 12
字　　数 300 千字
版　　次 2017 年 7 月第 1 版
印　　次 2017 年 7 月第 1 次印刷
定　　价 48.00 元
http://www.hrbeupress.com
E - mail:heupress@ hrbeu.edu.cn

前　言

空间杆系结构是钢结构的重要应用形式之一,因其具有造型多样、空间适应能力强、能以较小质量跨越较大距离等特点,得到了建筑工程师、结构工程师的关注,广泛地应用于航站楼屋盖、体育场馆、大型公共建筑等。空间杆系结构的研究始于三十多年前,研究人员先后从结构体系、结构承载能力、结构失效模式、结构节点设计等方面进行研究探索。自"9·11"恐怖袭击事件后,结构体系可靠性研究成为关注热点,从定性描述到定量分析,再到概率性分析等,为空间杆系结构的进一步推广应用进行了基础性研究。

本书在撰写过程中,参考了国内外同行的大量研究成果和技术文献,发现在诸多研究工作中,以人工打分为基础的专家经验法得到了较深入研究和广泛认可。本书以此为主线,结合应力变化率法、向量法、能量法和变刚度分析法,进行了理论分析和试验研究。本书分为6章,第1章为绪论,介绍了空间杆系结构的分类形式、功能特点、破坏特点和可靠性分析理论等。第2章为杆系结构模型试验研究,利用移除构件法、应力测量法进行了结构破坏性试验,分析了结构失效模态和对应杆件应力变化率的关系。第3章为杆系结构关键系数的有限元分析,利用第2章试验数据对应力变化率法进行了改进,并提出了杆件关键系数的改进应力变化率计算方法,分析了动力荷载作用下张弦桁架结构的内力响应和对应杆件的关键系数。第4章为杆系结构可靠性分析的损耗因子法,利用能量法定义了损耗因子,通过结构 *IC* 矩阵确定了结构能量方程,以弦支穹顶结构的结构模型破坏性试验为例进行了试验分析,比较了各参数变化规律和相互影响关系。第5章为杆系结构的变刚度分析法,以结构刚度矩阵的向量化法为基础,分析了坐标随动对结构整体刚度矩阵的影响、破坏前结构应变能敏感度变化,提出了缩减刚度矩阵分析结构可靠性的新方法。第6章为空间杆系结构的三阶共失效理论,利用三阶可靠性界限法分析了不同空间杆件结构形式的结构可靠度区间,以改进应力变化率法为基础作为杆件关键系数判别方法,以能量法为基础作为杆件重要性系数的判别方法,建立了空间杆系结构可靠性的三阶共失效概率计算理论。

本书重点介绍了空间杆系结构可靠性的分析方法和三阶共失效概率计算理论的建立过程,可以作为从事空间结构可靠性研究的研究人员的参考书。本书研究工作始于2011年,相关研究成果先后在《振动测试与诊断》《振动与冲击》《空间结构》等期刊发表,谭振、刘慧源、易莹、刘鑫、陈强、申晓静、任旭丹、刘智勇、胡东江、胡钟予、马上等同学参与了本书的理论研究和试验分析工作,张献民教授、赵方冉教授、程国勇教授、蔡靖副教授、齐麟副教授在本书的成稿过程中提出了宝贵意见,书中结构模型试验在中国民航大学土木工程实验室、天津市实验教学示范中心进行，得到了龚晓玲高级实验员、张强高级工程师和徐金老师的大力支持。本书研究得到了中国民航大学中央高校基本业务费项目（3122015C017、312016D019）、中国民航大学青年骨干教师项目、机场工程科研基地开放基金项目、天津市实验教学示范中心建设项目的资金支持，在此一并表示衷心感谢。

由于作者水平有限，书中某些论述难免有所疏漏，甚至有误，恳请读者批评指正。

著　者

2017 年 3 月

目　　录

第1章 绪 论

1.1 常见的空间杆系结构

1.1.1 网壳结构

网壳结构是典型的空间结构,由于其结构受力合理、刚度大、自重轻、体形美观多变、技术经济指标好而成为大跨结构中备受关注的一种结构形式,其体形的多样性,为大跨建筑设计创造各种平面空间形状和新颖独特的建筑形象提供了有力的手段。最初的网壳结构可以追溯到古代,那时的人们受自然事物的启发,如蛋壳、蜂窝、气泡、山洞等,发现此类事物不但形式简洁、外形美观而且受力合理。当时的人们利用仿生原理,以树枝做骨架、草皮蒙皮形成了最初的网壳穹顶结构。随着建筑材料的不断发展,从最初的树枝、草皮到后来的木材、石料再到钢筋混凝土,一直到现在优质钢材的使用,网壳结构也日趋成熟,跨度也越来越大。如今的网壳结构在结构形式、材料运用、计算方法及施工方法等方面都得到了很大的发展。其结构形式日益多样,大体可用如下四种方法分类。

(1)按曲面曲率半径分为正高斯曲率网壳、负高斯曲率网壳、零高斯曲率网壳。

(2)按曲面外形分为球面网壳、双曲扁网壳、圆柱面网壳、扭网壳。

(3)按网壳层数分为单层网壳、双层网壳。

(4)按网壳用材分为木网壳、钢筋混凝土网壳、钢网壳、混合网壳。

网壳结构的多样性使得建筑师可以设计出更加复杂的体形,体形的复杂性使得其几何非线性现象较其他结构更明显,且存在失稳的可能。例如,1991 年,罗马尼亚的布加勒斯特穹顶(跨度 93.5 m,矢高 19.107 m,单层球面网壳)由于局部积雪导致杆件发生屈曲破坏,失稳区域不断扩展,结构最终整体翻转倒塌。此外,1978 年美国哈特福德市中心体育馆屋盖网架坍塌等工程事故也表明了网壳结构的稳定性分析及其破坏过程分析的重要性。

1.1.2 张弦梁结构

张弦梁结构最早是由日本大学 M. Saitoh 教授在 1986 年提出的,该结构是一种区别于传统结构的新型杂交屋盖体系,其主要是由作为压弯部件的上弦桁架杆件、下弦柔性拉索及中间受压撑杆组成的自平衡混合结构,也是一种混合结构体系发展中比较成功的大跨度预应力空间结构体。张弦梁结构是一种全张拉结构,它以优美的曲线外形及大跨度结构形式而受到建筑师的偏爱,多用于机场、体育馆及博物馆等大型标志性建筑中。目前,单榀张弦梁的结构形式主要有一字形、人字形、拱形等,其中拱形张弦梁结构受到普遍应用。

1.1.3 张弦桁架结构

张弦桁架结构是由上弦立体桁架通过中间撑杆和下弦高强度拉索组合在一起形成的自平衡受力体系。张弦桁架结构是一种大跨度空间结构体系,由张弦梁结构发展而来,将抗弯刚度较大的刚性构件与张拉性能较好的拉索结合在一起,不仅具有安全性能高、结构简洁、线条优美、可实现大跨度的特点,并且经济性好,满足了人们对结构的高性能、美观性要求。建成于1962年的北京工人体育馆采用了圆形双层辐射式悬索结构,直径为94 m。武汉长江大桥和南京长江大桥都是铁路公路两用双层钢桁架桥。哈尔滨国际会展体育中心拥有$7 \times 10^4 \ m^2$的室内展馆,展馆高挑宽敞,穹顶跨度为128 m,是目前国内跨度最大的钢结构桁架。这些建筑的出现都印证了桁架结构良好的应用前景。对于张弦桁架结构,上弦立体桁架为铰接体系,本身的承载能力有限,而下弦高强度拉索一侧的配重通过撑杆来承担结构本身自重及结构荷载,当外部荷载超过结构的承受能力导致结构被破坏时,拉索失效,上弦立体桁架倒塌,所以其破坏性比较严重。

1.1.4　弦支穹顶结构

弦支穹顶结构是由上部单层网壳,下部的竖向撑杆、径向拉杆或者拉索和环向拉索组成的,其中各环撑杆的上端与单层网壳对应的各环节点铰接,撑杆下端由径向拉索与单层网壳的下一环节点连接,同一环的撑杆下端由环向拉索连接在一起,使整个结构形成一个完整的体系,结构中力的传递路径也比较明确。弦支穹顶结构作为刚柔结合的新型复合空间预应力结构,与单层球面网壳结构及索穹顶结构相比,具有如下特点:

(1)从设计角度看,弦支穹顶结构受力合理、效能较高;

(2)从施工角度看,弦支穹顶结构施工过程相对简单,对支座、环梁的要求较低。

弦支穹顶结构不仅能满足大跨度的需求,而且其良好的受力特性满足了人们对结构强度、刚度、稳定性的要求,降低了结构对材料强度的要求,降低了结构的自重,降低了造价。

1.2　杆系结构的连续倒塌研究进展

1.2.1　结构连续倒塌理论

结构连续倒塌是指当建筑物受到意外荷载作用时(诸如爆炸、撞击、长时间高温作用等),由于关键构件被破坏,而引起大规模倒塌,并且最终产生的倒塌破坏的范围与初始结构破坏的范围不成比例的一种建筑结构破坏现象。

土木工程学界对结构抗连续倒塌的研究始自1968年英国Ronan Point公寓18层煤气爆炸而引起的整个公寓连续倒塌事件。这种由结构的局部破坏而导致整体结构大规模坍塌的现象逐渐引起了各国学者的重视,并最终迫使英国政府出台了抗连续倒塌设计的规范。连续倒塌的另两个标志性事件分别是1995年美国俄克拉荷马州首府俄克拉荷马城发生的一起恐怖袭击事件,爆炸导致Alfred P. Murrah联邦大楼发生连续垮塌;另一事件则是著名的"9·11"恐怖袭击事件。这三起事件使得抗连续倒塌的研究成为了结构工程领域的一个重要研究方向。

1.2.2　结构连续倒塌的研究现状

空间结构的连续倒塌行为,一直是钢结构研究领域的重点内容,已有研究多从结构倒塌机理、结构倒塌破坏类型、结构倒塌破坏后的动力效应、结构倒塌破坏判定及防止结构连续倒塌设计等方面开展。

在结构倒塌机理研究方面,丁阳等在结构抗连续倒塌的研究中采用了显式中心差分法,并提出了实时删除构件的瞬时移除构件法,得到的结论为该方法对于空间网架结构具有计算量小的优点,且适用于空间网架结构。王磊等在连续倒塌动力效应对极限承载力影响中采用了显示积分算法,得出的结论为动力效应对低冗余度结构体系的极限承载力有较大影响。蔡建国等对连续倒塌分析中结构重要构件的研究现状进行了归纳分类,分为基于刚度的判断方法、基于能量的判断方法、基于强度的判断方法、基于敏感性分析的判断方法和基于经验及理论分析的判断方法。王铁成等在对某10层平面钢框架的动态响应分析中运用了振型叠加法和直接积分法,得出的结论为失效时间越短、结构动力响应越强烈,则结构破坏越严重。

在结构倒塌破坏类型方面,蔡建国等在大跨空间结构连续倒塌分析中采用变换荷载路径法(alternate path method,AP 法),考虑结构初始状态的等效荷载卸载法对一空间网架结构静力分析时的动力放大系数进行了研究,证明了 AP 法可提高计算精度及动力放大系数取 2.0 虽保守但可行。周健等在对虹桥综合交通枢纽结构连续倒塌分析研究中运用了直接设计中的拆除构件法对虹桥 B3 结构单元连续性倒塌进行了分析,得到的结论为单柱失效不会引起连续倒塌,双柱失效则会引起连续倒塌。舒赣平等运用抽柱法对英国相关规范中的拉结力法进行了研究,得出的结论为半刚性连接设计法对抗连续倒塌有效。郑阳等对采用 AP 法时如何选取关键构件进行了理论研究,采用了非线性动力分析方法,得出结论为引入柱的特征移除系数 μ 能定量识别重要构件。傅学怡等对国外抗连续倒塌设计方法进行了探讨,主要探讨了构件失效时间的多重荷载路径法及弹塑性时程分析方法,得出的结论为采用多重 AP 法时应考虑失效时间,动力弹塑性时程分析可相对准确地评估结构抗连续倒塌性能。蔡建国等在新广州站索拱结构屋盖体系连续倒塌的分析中运用了 AP 法,得出的结论为新广州站索拱结构屋盖体系具有良好的抗连续倒塌性能。

在结构倒塌破坏后动力效应方面,丁阳等对某4层钢框架结构在不同当量爆炸荷载作用下的抗连续倒塌能力进行了分析,得出的结论是钢框架结构在 1 t TNT 及以下当量作用下有良好的抗爆抗连续倒塌性能,而在 1.5 t 当量下性能不佳。阎石等对某 10 层钢筋混凝土框架在外部地面一定距离爆炸引起的结构倒塌进行了有限元分析,采用了静力移除法得出的结论为要避免柱子在爆炸荷载作用下失效要加强底层梁的侧向抗弯能力和整体性,提高梁端承载力。顾祥林等在建筑结构倒塌过程模拟与防倒塌设计中采用了离散单元法,得出的结论为离散单元法适合爆炸、地震作用下的数值分析。胡晓斌和钱稼茹在中柱失效的单层平面钢框架连续倒塌动力效应分析中采用了瞬时加载法对该结构的动力反应进行了分析,验证了结构在线弹性状态下动力放大系数只与构件失效时间和阻尼比有关,同时结构在塑性状态下动力放大系数还与需求能力比有关。

在结构倒塌破坏判定方面,何健等在索穹顶结构局部断索动力研究中运用了 Newmark 时间积分法,得出的结论为索穹顶结构杆件安全等级由外向里依次降低。高博青等在动力稳定判别准则的研究中提出了一种新的判别准则——应力变化率法,发现结构发生局部失稳时,考察应力变化率更有实际意义,并且在对一桁架结构的易损性研究中,给出了结构易损性的量化指标,并验证了其可靠性和有效性;在单层网壳的敏感性分析中采用了蒙特卡洛法和有限单元法,发现单层网壳对几何缺陷和随机荷载具有显著的敏感性,敏感性为零的杆为零杆;在网架结构动力失效模式识别中,运用了绝对值指数法进行模糊等价聚类,结果表明其可以有效地识别网架结构动力失效模式;在对张弦梁结构进行的易损性评估中,采用了蒙特卡洛法、拉丁超立方抽样法和增量动力时程分析方法,证明了增大预应力能有效改善结构易损性。

在防止结构连续倒塌设计方面,梁益和叶列平等在对国外钢筋混凝土框架抗连续倒塌设计方法的检验与分析中采用了拉结强度法和拆除构件法对按我国规范设计的 8 层 RC 框架结构进行了分析检验,得出的结论为拆除构件设计法比拉结设计法更有效。吕大刚等在结构鲁棒性及其评价指标的讨论中运用了基于确定性结构性能的鲁棒性指标、基于可靠性的鲁棒性指标及基于风险的鲁棒性指标对一按我国规范设计的 5 层三跨框架 RC 结构进行分析,认为按我国规范设计的 RC 框架结构具有良好的鲁棒性。蔡建国等在新广州站屋盖结构的抗连续倒塌设计优缺点的研究中运用了概念分析的方法,得出的结论为注意设置刚性及柔性隔离带对提高大体量空间结构的抗连续倒塌性能效果十分显著。赵楠等在克拉玛依科技博物展览馆工程张弦梁结构抗连续倒塌设计的研究中运用了类似抽柱法的方法,使中间榀拉索失效,认为张弦梁结构不会发生连续倒塌。吕大刚等在结构连续倒塌的鲁棒性分析中运用了基于备用荷载路径法的推倒分析,验证了该方法可有效分析结构鲁棒性。江晓峰、陈以一对连续倒塌及控制设计的研究现状进行了阐述,并结合广东九江大桥倒塌实例分析得出在防倒塌设计时要注意结构整体性能(如鲁棒性等)。胡庆昌对结构坚固性及防连续倒塌的概念进行了思考,提出了若干措施与建议。朱丙寅等在莫斯科中国贸易中心工程防止结构连续倒塌设计的研究中提出了满足俄罗斯规范的抗连续倒塌设计方法,得到的结论为 AP 法可行且对该工程较经济。

基于上述研究背景,可将防止结构连续倒塌设计方法归纳为以下几类。

1. 变换荷载路径法(AP 法)

该方法得到世界各国结构工程师认可,并通过了各项试验及工程应用的检验,是目前普及最广且被多国规范所采用的一种设计方法。然而,目前所采用的 AP 法并不完善,存在未考虑瞬时刚度退化,未考虑材料非线性,未考虑初始条件等缺陷。国内外学者对该方法有多个改进版本,但都不尽如人意,此方法改进型还有待深入研究。

2. 拉结力法

该方法最早出自英国设计规范,目的是提高结构的整体性和冗余度,以防止结构的关键构件失效时发生连续性倒塌,然而相关文献均发现拉结力法并未显著改善结构的抗连续倒塌能力,该方法的实施效果有待商榷。

3. 概念设计法

该方法主要通过工程师的经验来判断关键构件并指导设计,采用专家调查法,人为因素太重,通常情况下与其他方法结合使用。

4. 其他方法

略。

从以上几类设计方法可以看出,无论采用哪一种方法,最重要的还是要判断关键构件。目前判断关键构件的方法主要有以下几种。

1. 概念法

根据经验,一般情况下关键构件为边柱、角柱、支座四角锥等,该方法可靠性不大,常需通过其他方法对比验证,但在工程中较为实用。

2. 抽柱法相关

此类方法的典型代表为抽柱法,常与 AP 法结合运用,通过对拆除每根构件后可能引起的其他杆件应力变化进行分析,相互比较后确定关键构件。然而该方法计算量过大,且对于大型结构可能漏算,实用性不强。

3. 关键系数法相关

通过计算,给每根构件赋予一个关键系数,并比较各杆件的关键系数相对值大小,以此来确定关键构件。不同的结构关键系数的确定方法略有不同,本书将结合应力变化率法提出一种关键系数法的改进方法,以此来判断结构的动力失稳。

1.2.3 结构连续倒塌分析的损耗因子法

损耗因子法来源于 20 世纪 60 年代初期 Lyon 提出的统计能量分析法(statistical energy analysis,SEA)。20 世纪 70 年代,统计能量法被广泛应用,该理论方法在梁、板等的高频振动方面有着独特优势。白坚、郑晓晖通过比较 Lyon 模型和 Rayleigh 模型对 SEA 热力学型的基本假设进行了探讨。张红亮、孔宪仁和张国威同样运用 SEA,对子空间方法的可靠性进行了验证。在机械工程方面,陈剑等运用 SEA,将汽车发动机室、驾驶室和防火墙隔板定义为三个子系统,建立 SEA 模型,研究得出系统内部自损耗因子和隔板厚度对各系统空间声能的影响特性。张建等在与输入形式相关的 SEA 研究中,得出了输入形式对耦合系统的能量分布和功率流的总体特征有显著影响的结论。Davies G 等在平面桁架研究中发现了压杆的弹跳失稳现象。Doebling S. W. 等在外激励作用下,以应变变化率为对象,对薄板损伤识别进行了研究分析。

邵亮利用统计能量分析法对舱室噪声预报及改进设计研究加减震器和不加减震器两种情况进行了对比,证明了统计能量分析法的可行性。丁少春等建立了关于水下壳体的统计能量分析模型。赵建才等通过仿真分析软件 ADAMS,将车辆的橡胶悬置系统等价为动力总成悬置系统六自由度的动力学模型,通过对其在不同工况下的自震频率、振型、系统的能量分布的计算,得到了系统解耦的能量指标。曾纪杰、傅衣铭应用能量原理和正交各向异性材料的混合硬化本构关系,推导出了在两端简支条件下轴向压缩圆柱壳的弹性临界应力表达式。

马朝霞、陈思甜等考虑板式橡胶支座的弹性约束作用、地基弹性变形的影响,用能量法对高桥墩墩顶水平位移进行了计算和分析。娄仲连、罗国煜用概率能量法评估灌注桩极限承载力的可行性,确定了桩极限承载力的概率分布函数,并进一步提出了计算桩极限承载力超过某一设计值的概率公式。胡列、姜节胜用振动理论和实验技术对复合材料板进行了故障诊断。黄方林、顾松年采用残余能量法的概念,分析了结构破坏后各阶模态及各自由度对残余能量贡献大小,进而诊断故障的位置。刘国光、武志玮等用改进的应力变化率法对空间杆系结构进行了鲁棒性分析。

目前,已有众多学者将能量法运用在桁架结构的抗倒塌能力研究中。王蜂岚对索拱结构房屋体系的连续性倒塌进行了研究。郑阳、邹道勤将能量法和 Neumann 级数应用于结构的抗连续倒塌设计中,确定大型结构的关键构件,在此基础上,进一步提出了重要性系数的计算方法,用来进行结构在多根构件同时损坏情况下的危险性程度的比较分析,更加贴近实际破坏情况。相对来说,对钢框架及钢筋混凝土框架的抗连续倒塌的研究较多,而对张弦桁架结构的连续倒塌机理分析较少。

1.2.4 结构连续倒塌分析的向量法

向量式理论作为一种新的有限元分析理论被越来越多地应用于工程分析中。在向量式结构力学中,结构被离散为一系列空间点,与传统有限元法类似,空间点之间通过结构单元(梁单元、杆单元等)相连接,结构的状态完全通过空间点的状态来描述,如空间点的数量、质量、位置、速度、加速度,以及空间点的受力状态等。杆系结构的稳定性研究一直是国内外学者关注的热点问题,在理论分析和实际应用方面都取得了丰硕成果。对其稳定性的分析包括两种方式,一种是仅考虑结构几何非线性的分析,另外一种是同时考虑几何非线性和材料非线性的分析。早在20世纪40年代,非线性理论的研究便已经取得了很大的进展,但由于缺乏对结构进行非线性分析的技巧和工具,使得对实际结构进行非线性分析还存在许多困难。

1. 几何非线性分析

Przemieniecki首先提出在线刚度矩阵中计入几何刚度矩阵考虑变位影响,并在此基础之上提出了双刚度矩阵法。欧阳可庆为了消除双刚度矩阵法中的误差,提出了修正的双刚度矩阵法,通过计入各次高项对双刚度矩阵加以修正,并通过算例证明能得到精确解,但是这种方法得到的结构的总刚是不对称的,给计算机存储和求解带来了很大困难。张其林、沈祖炎基于修正的Lagrange总体坐标描述法推导了空间桁架弹性大位移问题的增量平衡控制方程。在这一方程中,结构的非线性总刚是一对称的双刚度矩阵,形式极为简洁,且能很好地求解弹性大位移问题。朱军、周光荣基于总体拉格朗日坐标描述法,采用Kirchhoff应力张量和Green应变张量定义,导出了严格意义下的杆单元增量列式。陆念力等从切线刚度矩阵的角度提出了一种基于大位移小变形的杆系结构非线性分析方法。刘小强等基于欧拉坐标描述法导出了桁架单元的切线刚度矩阵。王新敏较详细地介绍了杆系结构的几何非线性分析理论,给出了刚度矩阵的一般表达式,讨论了初始状态问题和求解方法的适宜范围,使杆系结构几何非线性问题系统化,并在T. L.坐标下,利用能量原理,导出了空间杆单元精确的割线刚度矩阵和切线刚度矩阵显式。戴伟珊提出了基于径向基伽辽金无网格法的结构几何非线性分析方法。董石麟等在T. L/U. L.法和C. Oran梁柱单元有限元法进行系统研究比较的基础上,推导了结合以上两种理论的几何非线性有限元列式。

2. 弹塑性大位移分析

塑性铰的提法较早可见于Heyman的文献,之后,该方法应用日趋广泛,但大部分文献采用的都是内力屈服面塑性铰法,即以杆件界面的内力屈服函数作为判断截面是否形成塑性铰的依据。刘小强等通过切线刚度矩阵考虑几何非线性,通过塑性铰法考虑材料非线性来分析高层钢框架。徐伟良等根据框架结构的塑性铰形成机理,将传统的梁柱法与有限单元法相结合,建立了梁柱简化塑性区单元模式的弹塑性大位移增量刚度矩阵,并应用泛函的最小势能原理,将经典的梁柱理论与非线性有限元法相结合,提出了一种钢结构弹塑性大位移研究分析的简化单元模式和计算方法。沈祖炎等采用空间桁架大位移刚度矩阵和杆单元弹塑性力学模型,建立了空间网架结构非线性平衡方程,利用全量等弧长法,对空间网架结构的极限承载力性能进行了全过程的非线性跟踪分析。贺子龙采用共旋坐标法导出了弹塑性空间桁架杆单元在大转动、小应变条件下的标准单元切线刚度矩阵。倪秋斌等采用向量式结构力学方法对结构在弹塑性几何非线性条件下进行了静力分析。刘国光等采用荷载缓和体系对单向张弦桁架结构进行了静力分析。叶康生和吴可伟借鉴塑性区法思想将杆端截面分割为若干小面积,对每个小面积采用弹塑性理论追踪其塑性发展历程,以此代替塑性铰法中常用的选取固定屈服面的方法来考虑杆端的塑性变形。

3. 杆系结构的稳定性及连续倒塌

罗永峰等为了论证单层网壳结构弹塑性稳定分析的理论,进行了单层网壳结构的弹塑性稳定试验研究,结果表明:网壳结构的失稳具有缺陷敏感性,并且部分杆件的塑性变形对其稳定性能及承载能力有着显著的影响。喻莹和罗尧治基于有限质点法对结构的倒塌破坏过程进行了模拟和分析。范峰等利用有限元软件 ANSYS 及自编的前后处理程序对已有网壳试验进行了对比分析,得到了模型结构的全过程响应、杆件失稳的判断结果和杆件失稳对结构的影响,分析结果符合已有试验结果,同时,在考虑杆件稳定性的基础上,考察了材料非线性、初始几何缺陷及杆件挠曲二阶效应和挠曲失稳对杆件稳定性和网壳稳定性的影响规律。崔昌禹等提出了单元应变能敏感度的观点,分别计算节点自由移动、约束移动、单元增加和单元消除四种应变能敏感度,认为可以通过考虑单元应变能敏感度来考虑结构的稳定性及移除杆件对结构倒塌过程的影响。

4. 网壳结构稳定性及优化设计

在网壳结构稳定性研究方面,沈世钊通过对 2 800 余种各式网壳的荷载 – 位移全过程分析,得出了各类网壳结构稳定性特性,并提出了单层网壳、柱面网壳和椭圆抛物线网壳的稳定性承载力的计算公式。沈晓明等通过对某实际工程的不规则划分单层网壳结构的研究,利用 ANSYS 通用有限元分析软件进行线性特征值屈曲分析,得到了满跨恒荷载和半跨活荷载作用下的极限荷载,初步了解了不规则划分单层结构失稳的一般规律。李忠学对扁网壳模型进行了稳定性分析,以完善结构的静力失稳模态作为初始缺陷,并将分析结果与完善结构和其他几何缺陷模式进行对比,发现这种缺陷分布模式对静力及动力稳定性承载能力的影响都非常显著,因此提出在进行动力稳定性分析时要考虑这种初始缺陷。葛金刚等利用 ABAQUS 软件对比分析单层球面采用局部双层前、后在静力及地震作用力下极限承载力的变化,提出单层球面网壳结构局部双层可提高结构极限承载能力。唐敢等对一致缺陷模态法和随机缺陷法进行了理论分析,提出和改进了随机缺陷法,消除了随机缺陷法人工计算量大的弊端,也验证了一致缺陷模态法得到的临界荷载的可靠性。严佳川等采用多段梁法模拟杆件的弯曲,并以 Kiewitt – 8 型网壳为例考察杆件初弯曲对网壳结构稳定性的影响,结果表明,杆件初弯曲对单层网壳弹塑性稳定性能的影响很大。卢家森等提出通过抗力分项系数验算网壳结构的稳定性,并用基于响应面函数的蒙特卡罗模拟法对结构进行了考虑初始缺陷的二阶弹塑性分析,得出了抗力分项系数。

在网壳结构优化设计研究方面,刘文静等利用 ANSYS 通用有限元分析软件,以杆件截面积作为设计变量,网架总质量作为优化目标,考虑强度、稳定性、刚度等条件,对某工程实例进行了分析。单鲁阳等采用 0.618 法与穷举法,编制了计算程序 VOPD,通过优化计算对双层圆柱面网壳结构进行了优化设计。齐月芹等通过复形法和满应力法进行了网壳结构的优化设计,并编制了相应程序,通过算例验证了程序的可行性。薛慧丽等以某博物馆为例,对单层网壳结构进行了弹塑性、稳定性优化设计,提出了杆件截面优化的应力比缩减分层法。贺拥军等将混沌优化法引入双层圆柱面网壳结构优化设计中,并编制了相应的程序,通过算例验证了该方法的有效性。齐月芹等对某网壳结构进行了风洞试验,利用复形法建立目标函数,拟订参数及设计变量,并编制了相应的程序。尚凌云等采用基于离散变量的两级优化方法对网壳结构进行了优化设计,编制了 SIOP 优化设计程序,并且用算例验证了其可行性。

5. 弦支穹顶结构稳定性

自 1993 年日本法政大学川口卫教授提出弦支穹顶概念以来,弦支穹顶结构已在多项大型工程中得到了应用,如天津博物馆、安徽大学体育馆等。蓝天、董石麟、左晨然等阐述了钢结构近年来的发展概况,总结了弦支穹顶结构当前发展的特点为形态的多样化、预张力的合理运用及与膜结构的多种结合样式。

尹越、韩庆华、谢礼立等对弦支穹顶结构体系的构成、受力特点、研究现状及工程实例等进行了研究,并通过与单层球面网壳结构的对比,得出了有益的结论和今后的研究方向。刘锡良从结构的特点、节点与施工方法出发,比较了几种结构各自的优缺点,得出不同的平面形状适于采用不同结构的结论。弦支穹顶通过对网格结构施加预应力可改善空间网格结构受力状态,降低内力峰值,增大结构刚度,提高结构承载力,充分发挥结构材料的强度,降低了结构耗钢量及造价。

罗尧治和曹国辉等研究了预应力拉索网格结构在工程中应用的形态、设计思想、索张拉力与垂跨比的关系及拉索作用方式和效果。在结构建成之后,对结构中的拉索增加一定预应力,在正常使用荷载作用下,内力通过上端单层网壳传到下端的撑杆上,再通过撑杆传给索,索在受力后,一部分应力由结构中的预应力抵消,另一部分外力产生对支座的反向推力,使整个结构对下端环梁横向推力大大减小,减少了结构整体的变形。由于撑杆的作用,大大减小了上部单层网壳各环节点的竖向位移和变形,充分发挥了结构材料的性能。袁行飞和董石麟解决了自应力模态下该体系稳定性判定问题。田国伟、刘金鹏、刘兴业和尹越越的研究表明弦支穹顶结构在被破坏时杆件内的应力远没有达到屈服应力,网壳常见的破坏形态是稳定破坏。

刘开国对轴对称荷载作用下的索承穹顶结构进行了研究,并用能量法原理进行了求解。崔晓强和郭彦林对影响稳定承载力的参数,如拉索预应力、拉索截面积、撑杆高度等进行了分析,得出了对工程设计有意义的结论。张明山、包红泽、张志宏归纳了弦支穹顶结构体系的研究现状,分析了预应力和矢跨比的影响,同时介绍了弦支穹顶在国内外工程实践中的应用,并提出了需要深入研究的一些关键课题。司炳君和董伟对两种不同形态的索承网壳结构进行了承载力分析。众多学者对穹顶结构的稳定性进行了分析,国外也有许多学者提出相关的概念。

1.2.5　杆系结构的可靠性

自 20 世纪 20 年代起,随着生产活动的需要及各类结构可靠性问题的出现,结构可靠性基本理论的研究得到了各国学者的重视,工程建设活动促进了理论发展,而随着工程结构理论体系的形成,其又逐步扩展应用到结构工程的各个方面。

20 世纪 40 年代至 20 世纪 60 年代是工程结构可靠性理论研究发展的主要时期,现在提到的经典可靠性理论的基本概念大都是在这一时期确定下来的。以后的学者如贡金鑫等认为弗罗伊登彻尔 1946 年发表的《结构可靠性》奠定了结构可靠性研究的理论基础,是结构可靠性理论系统性研究的开端。

我国在 20 世纪 50 年代才逐步展开结构可靠性的研究,前期主要借鉴苏联的研究成果,按照极限状态设计法编制各类规范。20 世纪 80 年代以后,我国在大量的理论研究、资料收集整理和实测数据的基础上,参考借鉴国际标准化组织 ISO 制定的《结构可靠性总原则》

（ISO 2394），在随机可靠性理论的基础上，以分项系数表达的概率极限状态设计方法作为基本准则，组织国内有关单位的专家学者编制了包括《工程结构可靠度设计统一标准》（GB 50153—92）在内的一系列的统一标准。我国在 1982 年到 1992 年十年间，在工程结构可靠性理论方面的成绩主要体现在以下六个方面：

（1）结构可靠性一般理论的若干问题；

（2）结构体系可靠性问题；

（3）结构动力可靠性问题；

（4）结构疲劳可靠性问题；

（5）岩土工程的可靠性问题；

（6）已有工程结构的可靠性鉴定问题。

值得一提的是，我国在 1994 年批准了国家基础性研究重大项目（攀登计划）"重大土木与水利工程安全性与耐久性的基础研究"，国家自然科学基金在 1998 年资助了"工程结构生命全过程可靠度研究"项目。上述研究将我国工程结构可靠性研究水平提高到了一个较高的层次，极大地推动了可靠性的研究。

今后结构可靠性理论研究的趋势之一就是结构体系的可靠性相关问题。结构体系的可靠性问题将成为今后理论研究的热点和难点，有很多理论问题需要解决。

1. 杆系结构的不确定性

工程结构在其整个生命周期内，往往有影响其安全性、适用性和耐久性的各类不确定性，这些不确定性主要包括随机性、模糊性和知识的不完备性。

（1）随机性

事物的随机性指事物的条件和事物的出现没有必然的因果关系，从而导致事物的出现表现出不确定性。例如，投掷一枚硬币，在投掷之前是不能确切地知道硬币最后朝上的一面是正面还是反面的，结果是随机的。但是，一旦把硬币投掷出去后，结果却是可以明确辨认的，不具模糊性。掷色子之前不能确定最后的结果是多少，结果也是随机的。但掷色子之后，结果也是可以明确辨认的，不具模糊性。

（2）模糊性

事物的模糊性指事物自身概念表现出的不确定性，主要指一组相类似概念界限的不确定，如数量的多与少、高与矮、冷与热等。模糊性在土木工程中具体体现为结构安全与结构危险界限的模糊性、结构耐久性界限的模糊性、结构适用性界限的模糊性和结构正常与否界限的模糊性。

（3）知识的不完备性

知识的不完备性指由于现有技术手段的限制，导致对事物的认识不够彻底，从而造成了不确定性的出现。一般将工程结构中知识的不完备性分为两类：一类是客观信息的不完备，即由于客观条件的限制导致知识的不完备；另一类是主观信息的不完备，是指由于人的认知水平的限制导致知识的不完备。

在上述三类不确定性中，人们对随机性的研究最充分、最彻底。概率论、数理统计和随机过程是对随机性的描述的基础，因此，现在的结构可靠性理论是建立在随机理论的基础之上的。而研究和处理模糊性的数学方法主要是美国自动控制专家 L. A. Zadeh 教授创立的"模糊数学"，模糊性可靠性理论还处在不断研究和发展之中。而知识的不完备性，至今还没有较好的数学分析方法。

2. 工程结构分析中的不确定性

具体地讲,工程结构分析中的不确定性主要涉及以下几方面。

(1)材料参数的不确定性

其主要包括土木工程材料物理力学参数的不确定性、几何参数的不确定性和荷载及其影响因素参数的不确定性等。

(2)荷载和作用因素的不确定性

其主要指结构分析时,"荷载 - 结构模式"中荷载的大小、作用持续时间、作用点等的不确定性。这些不确定性将导致结构分析时结构的稳定性与变形的不确定,从而导致最后的计算结果有很大的变数。

(3)计算模型的不确定性

土木工程结构的设计和分析是在对复杂的实际模型进行合理简化的基础上进行的,不同的简化原则会有不同的简化计算模型,这些简化计算模型考虑了原有结构的主要特征,忽略了次要的因素,某种程度上是对原有结构较真实的反映,但在一定程度上也导致利用简化计算模型计算出来的结果的不确定性。

(4)结构安全评定准则的不确定性

结构安全评定准则的不确定性导致了结果的不确定性。

3. 不确定性问题的解决途径

在工程设计中,上述所有的不确定性问题,现在都有较合理的解决途径,可归纳为以下三种方法。

(1)安全系数设计法

安全系数设计法是目前仍在使用的一种工程设计方法,指在工程设计中预留一定的安全储备,从而考虑各类难以预料的不确定性因素。显然,这是一种依靠经验的设计方法,它用确定性的模型处理不确定性问题,其工程设计是否可靠、是否经济很大程度上依靠工程师的设计经验与对某一特定项目的理解。当然,随着工程实践不断增多,安全系数设计法也变得越来越安全、经济与合理。

(2)动态反馈设计法

动态反馈设计法是依靠信息化设计与信息化施工的方法,由于岩土工程自身的特点,该方法在岩土工程领域得到了广泛的应用。简单地说,动态反馈设计法就是依靠施工现场的监测信息,结合工程施工的不同进程,将工程设计初期难以预测的不确定性问题及时地反馈到设计方案中,由此不断地对设计方案进行修改、调整,从而使设计方案时刻保持最优解,满足工程实际需要。动态反馈设计法的核心是将理论计算、工程经验与现场监测进行有机的结合。

(3)可靠性设计法

可靠性设计法就是根据可靠性理论进行结构设计,处理不确定性因素的方法。可靠性设计法将工程中的不确定性因素作为随机变量处理,将整个工程作为一个统一的系统来处理,从而最后以系统的失效概率作为工程的设计依据。可靠性设计法使结构的安全裕量有一个较明确的数值表达,是一种较科学的设计方法。但由于目前可靠性理论发展的局限,可靠性设计法还不能很好地解决诸如模糊性与知识的不完备性导致的不确定性问题。

4. 杆系结构可靠性的基本概念

结构的设计、施工和维护应使结构在规定的设计使用年限内以适当的可靠性和经济的方式满足下列功能要求：

(1)能够承受施工和使用期间可能出现的各种作用；

(2)在正常使用情况下结构保持良好的使用性能；

(3)在正常维修和养护的条件下结构具有足够的耐久性能；

(4)当发生火灾时,在规定的时间内可以保证足够的承载力；

(5)当发生爆炸、撞击、人为因素导致的偶然事件时,结构能保持必需的整体稳定性,不出现与起因不相称的结构破坏,防止出现结构的连续性倒塌。

上述第一、第四和第五项关系到使用者的人身财产安全,应归类为结构的安全性；第二项和结构的适用性有关；第三项和结构的耐久性相关。安全性、耐久性和适用性总称为结构的可靠性。这里需要区别安全性和可靠性的不同:一般把度量安全性大小的指标称为安全度,把度量可靠性大小的指标称为可靠度。由上述内容可以知道,结构的可靠性是包括安全性的。

国际上通常将可靠性设计划分为三个水准,即水准Ⅰ、水准Ⅱ、水准Ⅲ。

(1)水准Ⅰ也称为半概率设计法,该方法以概率原则分别考虑了荷载和材料强度的不确定性。它把荷载和抗力分开考虑,由此可以知道该设计方法不是从整体的角度考虑结构的可靠性,因而不能确定结构的失效概率。除此之外,水准Ⅰ中各分项安全系数主要根据工程经验确定,也因此得名半概率设计法。

(2)水准Ⅱ也称为近似概率设计法,它是目前在各国已经实际应用的概率设计方法。近似概率设计法采用概率论和数理统计的方法,对工程结构整体或单独构件的可靠概率进行相对近似的估计。我国各类规范采用的以概率理论为基础的一次二阶矩极限状态设计法就是近似概率设计法。

(3)水准Ⅲ也称为全概率设计法,它是一种完全根据概率理论的设计方法。全概率设计法就是把所有的不确定性因素都考虑在内,应用随机过程模型加以分析,从而对整个结构体系进行精确的可靠性分析,得出最终结构体系的可靠性。当然,这是一种较理想的设计方法,但由于目前科学技术水平的限制,其还处于研究状态。

一般用结构的功能函数来表征结构的工作性能,与结构功能函数有关的一个概念就是极限状态。极限状态指结构在达到某一预定工作状态时,其再也没有承担相应工作的能力,该工作状态就是结构的极限状态。

极限状态一般可以人为地分为承载能力极限状态和正常使用极限状态:承载能力极限状态指结构达到最大承载能力或出现不能继续承载的过大变形等现象的状态；正常使用极限状态指结构达到不能继续正常使用或耐久性的某项规定的限值的状态。

如果用 $x_1,x_2,\cdots,x_n$ 表示影响结构工作性能的随机变量,则结构的功能函数可以表示为

$$Z = g(x_1,x_2,\cdots,x_n) \tag{1-1}$$

显然,$Z=0$ 表达的是结构的极限状态。

如果把影响结构工作性能的随机变量简化为荷载效应随机变量 S 和结构抗力随机变量 R,那么功能函数可以表示为

$$Z = g(R,S) \tag{1-2}$$

对于不同的简化处理方法,功能函数的具体表达式会有很大的不同。一般假设结构的功能函数可以表示为

$$Z = R - S \tag{1-3}$$

该功能函数使后续问题的处理变得十分简单。

结构的失效概率和结构的可靠度是一个相对的概率。由前面的叙述可知,结构的可靠度就是结构在规定的时间内和在规定的使用条件下完成预定功能的概率P_r,而结构的失效概率就是结构不能完成预定功能的概率,显然,可以把失效概率P_f称为"不可靠度"。

显然,可靠度和失效概率满足

$$P_r + P_f = 1 \tag{1-4}$$

对式(1-3),其对应的可靠度可以用式(1-5)求得,即

$$P_r = P \quad (R < S) \tag{1-5}$$

对于更普遍的情况

$$P_r = P \quad (g(x_1, x_2, \cdots, x_n) < 0) \tag{1-6}$$

对于式(1-3),若荷载效应随机变量S和结构抗力随机变量R都服从正态分布,对应的期望和标准差分别用μ_S, μ_R和σ_S, σ_R表示,则Z也服从正态分布。

由概率论相关知识可以知道其期望μ_Z和标准差σ_Z可以分别由式(1-7)和式(1-8)表示,即

$$\mu_Z = \mu_R - \mu_S \tag{1-7}$$

$$\sigma_Z = \sqrt{\sigma_R^2 + \sigma_S^2} \tag{1-8}$$

式(1-3)对应的结构的失效概率可表示为

$$P_f = \int_{-\infty}^{0} \frac{1}{\sqrt{2\pi}\, \sigma_Z} \exp\left[-\frac{(Z - \mu_Z)^2}{2\sigma_Z^2} \right] \mathrm{d}Z \tag{1-9}$$

令

$$t = \frac{Z - \mu_Z}{\sigma_Z} \tag{1-10}$$

显然,t服从标准正态分布。而式(1-9)可以表示为

$$P_f = \int_{-\infty}^{-\frac{\mu_Z}{\sigma_Z}} \frac{1}{\sqrt{2\pi}} \exp\left(-\frac{t^2}{2} \right) \mathrm{d}t = 1 - \Phi\left(\frac{\mu_Z}{\sigma_Z} \right) = \Phi\left(-\frac{\mu_Z}{\sigma_Z} \right) \tag{1-11}$$

此处令

$$\beta = \frac{\mu_Z}{\sigma_Z} \tag{1-12}$$

则可以知道

$$P_f = \Phi(-\beta) \tag{1-13}$$

$$P_r = \Phi(\beta) \tag{1-14}$$

这里的β就是所谓的结构可靠指标,对于正态分布,结构可靠指标β与结构失效概率、可靠度都存在一一对应的关系。

根据上面的推导,可以把结构可靠指标推广到任意功能函数中,但具体的处理方法可能有细微的差别,详细情况可以查阅相关文献。

1.2.6 杆系结构的失效模式

1. 单一失效模式

通常情况下,工程结构有多种失效模式,如强度破坏、结构失稳与变形过大等,每一个

失效模式对应于一个功能函数。单一失效模式的可靠性分析也称为单一或构件的可靠性分析,构件是构成结构的基础,因此单一失效模式的可靠性分析是进行结构体系可靠性分析的基础。

根据现有的研究成果,对单一失效模式的可靠性分析有多种计算方法,主要包括一次二阶矩法、二次二阶矩法和原始空间内的分析方法等。在这些计算方法中,一次二阶矩法占有最重要的地位,国际标准《结构可靠性总原则》和我国的国家标准《工程结构可靠性设计统一标准》都推荐采用一次二阶矩法。简单地说,一次二阶矩法就是在工程师对工程结构中变量的分布规律还不清楚时,利用只与均值和标准差有关的数学模型计算结构可靠度。从一次二阶矩法的分析思路不难看出其概念清楚,计算十分简单。通过各国学者的研究,一次二阶矩法又拓展出了多种不同的计算方法,它们各有自己的优缺点,详细内容读者可以查阅相关文献。

2. 多失效模式

任何结构都是多个不同的单一构件组成的体系,因此其失效模式往往有多个,即使是单一构件,其也会有多个失效模式。一个比较经典的例子就是对于一根钢筋混凝土梁,在不同的外力作用下,其既可能发生受弯破坏,又可能发生剪切破坏。一般来说,对于静定结构,每一个构件的破坏都会导致结构体系的失效,若每一个构件都只有一个失效模式,则整个结构体系的失效模式和构件数相等。对于超静定结构,由于涉及失效路径的问题,在此不进行讨论。

按照构成结构体系的构件和结构体系自身逻辑关系的不同,结构体系可以分为串联结构体系和并联结构体系。若结构体系中任意一个单元失效即导致结构体系的失效,该结构体系为串联体系;反之,若结构体系的所有单元失效才导致结构体系的失效,则该体系为并联体系。值得注意的是,实际的结构体系大多是由并联体系和串联体系共同组成的。

显然,由上述并联体系和串联体系的说明,可以知道结构体系可靠性的问题也就是串联体系或并联体系的可靠度计算,而串联和并联体系对应于集合中的并集和交集,以此延伸,结构体系可靠度的计算就是失效事件交集概率的计算和并集概率的计算。

1.3 杆系结构的可靠性理论研究进展

随着社会发展加快,经济水平提升迅猛,生产生活中人们对于空间的需求也越来越高,所以除了高度之外,建筑物向着更大的跨度方向发展。在此背景下,以钢结构为代表的大跨度空间结构应运而生,以飞快的速度得到发展。由于结构工程在建造过程中会耗费大量的人力、物力和财力,一旦结构的某一部位或者某些位置发生变形甚至破坏,会造成巨大的财产损失、人员伤亡及很多预想不到的附加灾害,所以工程结构的可靠性问题始终是结构设计环节最值得关注的问题。

在现实的社会生产生活中,各种类型的结构出现了不同类型的可靠性问题,结构可靠度性论研究逐步引起了世界各国专家学者的重视。自 20 世纪 20 年代起,结构可靠性基本理论的研究在世界范围内逐步展开,并扩展到结构设计和分析的各个方面,包括我国在内的很多国家,已经将现有的研究成果应用于结构设计规范中,推动了结构设计基本理论的发展。尤其是 20 世纪 40 年代至 20 世纪 60 年代,这一时间段是工程结构可靠性理论发展的黄金时期。在这 20 多年的时间内,有一大批经典的可靠性理论作为基本概念被确定下来。有这些经典的可靠性理论作为支撑，才有了后续可靠性理论的发展。

美国是结构可靠性理论与应用的代表，也是国际上较早开展结构可靠性研究的国家之一，公认 1947 年美国 Freudenthal. A. M. 教授的论文《结构安全性》是结构可靠性理论系统研究的开始。在实用化方面，1969 年美国 Cornell. C. A. 教授提出了可靠性指标的概念。除美国之外，欧洲地区的可靠性理论也有较长的发展历史。从 20 世纪 50 年代开始，丹麦就按照极限状态和分项系数的设计方法进行工程结构设计；瑞典从 1989 年开始采用经过容许应力设计法校准的分项系数法，并编制了相关设计手册；德国拥有一套非常完善的国家工业标准。

我国在 20 世纪 50 年代才逐步展开结构可靠性的研究，前期主要借鉴苏联的研究成果，按照极限状态设计法编制各类规范。20 世纪 80 年代以后，我国在工程结构可靠性领域已经进行了大量的理论研究，并且积累了相当丰富的技术和经验，再根据国内外工程的资料收集和数据实测工作，编制了《工程结构可靠度设计统一标准》（GB 50153—92）、《建筑结构设计统一标准》（GBJ 68—84）、《港口工程结构可靠度设计统一标准》（GB 50158—92）、《水利水电工程结构可靠度设计统一标准》（GB 50199—94）等统一标准。这些标准的制定均参考了 ISO/TC 98/SC 2 编制的国际标准 ISO 2394：1998《结构可靠性总原则》，在随机可靠性理论的基础上，结合了分项系数表达的概率极限状态设计方法。这项工作的完成使我国的结构设计规范水平得到极大的提升，从此我国在工程结构设计规范领域步入世界先进行列。

目前，国家之间通过相互交流、研讨，建立了一套通用的设计规范并已经成为一种趋势。在这种趋势的推动下，结构可靠性理论研究将会更进一步。1947 年 2 月 23 日，在日内瓦成立了由 148 个国家组成的国际标准化组织，并制定了国际标准 ISO 2394，随后欧洲成立了欧洲标准化委员会并制定了欧洲规范 EN 1990：2002，澳大利亚和新西兰两国共同制定了 DR 99309：1999。

在今后的发展中，随着工程结构构造简单化和受力复杂化，结构体系的可靠性相关问题仍然是工程结构可靠性理论研究的重点研究领域。更多的难点和热点问题将会源源不断地涌现，等待合适的理论方法加以解决。

新技术、新理论和新方法在建筑领域的大力推广应用，使得日益多样化的工程结构的承载力和可靠性不断提高，然而，关于工程结构倒塌造成损失的报道屡见不鲜。造成结构倒塌的原因是多方面的，设计不规范、施工不合理、施工材料选择不到位、地震等自然灾害及意外事件等都可以引起结构的倒塌。近年国内外部分工程安全事故见表 1－1。

每发生一次工程安全事故，都会给国家、社会、家庭造成巨大的经济和精神损失。伴随我国经济的迅速发展，国内城市化不断加快，建筑行业已经成为国民经济的支柱产业之一，随之而来的便是各种高层、超高层结构，错综复杂的立交桥和隧道，日益壮大的地铁空港设施，城市人口密度越来越大，财富高度集中，一般的地震灾害就可以造成巨大的人员伤亡和经济损失，会严重扰乱社会的安定，影响国家经济的发展。以大家最为熟悉的汶川地震为例，据不完全统计，汶川地震造成的直接经济损失为 8 451.4 亿元，其中建筑物和基础设施的损失占到了总损失的 70% 左右。

表1-1 近年国内外部分工程安全事故

时间	事故	原因	伤亡人数
2014 年 03 月 27 日	宁西铁路一桥梁垮塌	施工不当	2 死 3 伤
2014 年 02 月 24 日	越南一座桥梁垮塌	设计不当	7 死 37 伤
2009 年 06 月 27 日	上海在建楼体整体倒塌	原因不明	1 死 0 伤
2007 年 11 月 25 日	山西侯马汽车站候车厅坍塌	施工不当	3 死 6 伤
2007 年 11 月 20 日	湖北省恩施隧道坍塌	岩石崩塌	32 死 0 伤
2007 年 09 月 26 日	越南某在建大桥坍塌	施工不当	60 死 0 伤
2006 年 01 月 02 日	德国巴特莱兴哈尔溜冰馆坍塌	建筑技术缺陷	13 死 34 伤
2004 年 12 月 31 日	河南省周口市东方家具城展厅坍塌	设计不当	不详
2004 年 05 月 23 日	法国戴高乐机场候机厅坍塌	设计不当	6 死 3 伤
1996 年 12 月 10 日	广东省某市境内某公路桥坍塌	设计不当	32 死 14 伤

目前,我国国内的建筑行业依旧存在着严重的问题,有很多的地方需要进行改进。如何保证工程结构的质量,如何实现结构的功能以及如何保证结构体系的安全可靠,一直是国内相关学者的研究重心。加强工程结构可靠性理论研究,并将研究成果成功地应用于工程实践,将会有效提高结构的安全系数,保证结构能够最大限度地实现功能,尽可能地减少甚至避免损失。

第2章 杆系结构模型试验研究

2.1 网壳结构破坏性模型试验

2.1.1 模型介绍

钢结构六角星型穹顶模型,跨度为 3 m,由 24 根杆件组成,每根杆件均采用 L25×3 的单角钢,杨氏模量 $E = 206$ kN/mm²,连接形式为螺栓连接。其支座采用 100 mm × 100 mm 的工字钢作为钢柱,用混凝土块将其压牢并固定在地面上,将静荷载转化为质量块,施加于中央节点。经 ANSYS 有限元分析得出,此模型在中央节点作用 700 N 荷载时,结构发生整体跳跃型失稳。为保证试验过程中不发生此类失稳,在此荷载作用下,应保证不会发生杆件破坏、节点破坏及杆件弯扭失稳。

2.1.2 模型设计

1.节点板设计

节点均采用螺栓连接,为了使所做试验更接近铰接,每根杆件与节点板之间均以一颗螺栓连接,螺栓选取直径为 10 mm 的普通螺栓。节点板均用尺寸为 100 mm × 100 mm 的正方形钢板焊接而成。

(1)中央节点板

中央节点板是由六块 100 mm × 100 mm 正方形钢板焊接而成的米字形节点板,在其中央位置焊一倒钩用来悬挂加载箱。节点形式及各钢板开孔位置如图 2–1 和图2–2 所示,开孔为直径 12 mm 的圆孔。

图2–1 中央节点板俯视图

图2–2 中央节点板仰视图

(2)环向节点板

环向节点板是由五块 100 mm × 100 mm 正方形钢板焊接而成的节点板,各钢板开孔位置如图 2 – 3 和图 2 – 4 所示,开孔为直径 12 mm 的圆孔。

图 2 – 3 环向节点板俯视图   图 2 – 4 环向节点板侧视图

(3)支座节点板

支座节点板是由两块 100 mm × 100 mm 正方形钢板焊接而成的 V 形节点板,各钢板开孔位置如图 2 – 5 和图 2 – 6 所示,开孔为直径 12 mm 的圆孔。

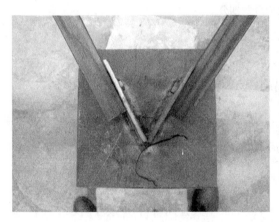

图 2 – 5 支座节点板俯视图   图 2 – 6 支座节点板侧视图

2.确定杆件加工尺寸

测量出杆件长度分别为 A 类杆 867.47 mm、B 类杆 866.03 mm、C 类杆 916.52 mm。扣除节点板延长尺寸,精确到毫米,各角钢实际取材长度为 A 类杆 767 mm、B 类杆 761 mm、C 类杆 817 mm。所有角钢开孔位置均取杆件两端边缘 30 mm 处,开孔直径为 12 mm,如图 2 – 7 所示。

图 2 – 7 杆件开孔位置图

3.模型加工

(1)杆件加工

将角钢按所设计长度进行切割。

（2）节点板加工

采购一块 1 000 mm×2 400 mm 且厚 10 mm 的钢板，由模型设计可知需要尺寸为 100 mm×100 mm 的钢板 48 块，为了充分利用所购材料，剩余钢板作为钢柱上、下封板。钢板分割划分如图2-8所示。为了使节点板焊接角度精确，特制作一米字形卡槽，将小钢板按设计类型卡在卡槽中进行焊接。

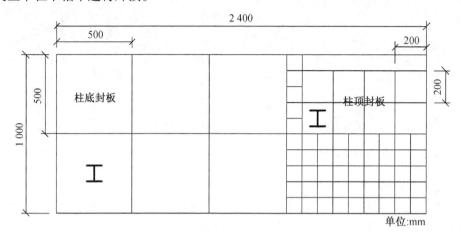

图 2-8 钢板分割划分

（3）钢柱加工

采购一根 100 mm×100 mm 工字钢，长度为 6 m。将其切割成六段，每段 1 m。分别将上、下封板焊接在工字钢上，并将支座处 V 形节点板焊接在钢柱上封板中央处。

（4）模型组装

先将环向水平杆件一次组装，摆放在地面上调平校紧，再将中央节点板与环向节点板一次连接中央径向杆件，定位六根钢柱位置，最后将先前组装好的顶帽托起分别固定在各个支座上并校紧。

4.实验方案

使用动态应变测试仪分别测试模型的 8 根杆件（4 根中央径向杆件、2 根环向水平杆件、2 根支座处杆件）的应变变化，如图2-9所示，应变片连接方式采用1/4桥，如图2-10所示。

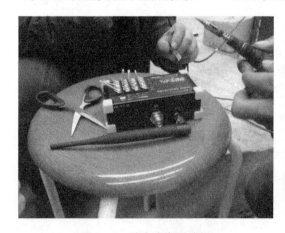

图 2-9 动态应变测试仪

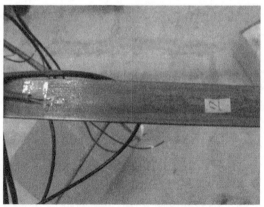

图 2-10 应变片连接方式

（1）试验方案1（图2-11）

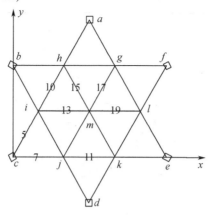

图2-11 试验方案1模型

①方案介绍

采用六角星型穹顶模型，m节点为铰接。将5 kg质量块间隔15 s分级施加于中央节点上（加载箱质量为25 kg）。

②试验现象

加载初期，中央节点没有明显位移。随着加载进行，结构有明显变形，并发出声响，中央节点位移逐渐明显。当加载到第14个质量块（700 N）时，中央节点瞬时发生改变，结构发生跳跃型失稳，但整个结构仍具有很强的刚度及足够的回复力，如图2-12和图2-13所示。

图2-12 加载前结构形态1

图2-13 加载后结构形态1

③试验分析

在图2-14中，线1，2代表支座处2根受压杆件（5,7应变片），线3,4,5,6代表中央径向4根受压杆件（13,15,17,19应变片），线7,8代表环向水平2根受拉杆件（10,11应变片）。从图2-14中可以看出，随着荷载的逐级增加，各个杆件的应变也随之增加。在加载前4级荷载（50 N、100 N、150 N、200 N）时，各杆件的应变无明显变化。当加载到第5级荷载（250 N）时，各杆件应变发生较大幅度的跳跃，中央节点的位移也发生了较大的变化，随即应变又以变化率减小的趋势增加，直至整个结构发生局部跳跃型失稳。中途发生较小跳跃的原因，应该是由于环向节点板与径向杆件相连的螺栓校紧后所产生的摩擦力的影响。前几级荷载主要由摩擦力承担,支座处的受压杆件的应变要大于中央径向受压杆件的应变。

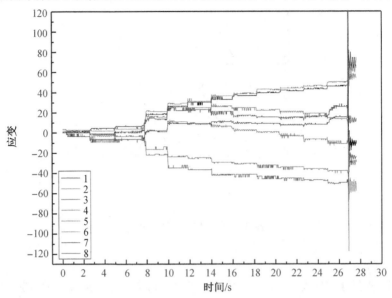

图 2－14　动态测试系统仪器输出时间－应变图1

（2）试验方案2（图2－15）

①方案介绍

采用六角星型穹顶模型,将 A 类杆件拆除一根,各节点为刚接。将 5 kg 质量块间隔 15 s 分级施加于中央节点上（加载箱质量为 25 kg）。

②试验现象

在加载过程中,由于节点的刚接作用,中央节点并没有发生瞬时改变,而是在发生几次停顿后才发生跳跃型失稳。加载到 700 N 时结构发生跳跃型失稳,中央节点向移除杆件的方向倾斜。移除杆件对应一侧节点基本无变化,其余节点向中心倾斜。部分杆件出现拉压变形,整个结构仍具有很强的刚度和足够的回复力,如图 2－16 所示。

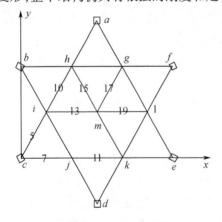

图 2－15　方案 2 模型

图 2－16　加载后结构形态 2

③试验分析

在图 2－17 中,线 1,2 代表支座处两根受压杆件（5,7 应变片）,线 3,4,5,6 代表中央径向4根受压杆件(13,15,17,19应变片),线7,8代表环向水平两根受拉杆件(10,11应变片)。线2(7应变片)支座处的杆件相比另一根支座处杆件线1(5应变片)的应变变化很小,可能拆除1根径向杆件后,对此根支座处杆件的作用相对较小。线7(17应变片)在加载至第10级荷载时应变突然变向,由受压转向受拉,此根杆件为拆除杆件对角的径向杆件,而其他径向杆件在此级荷载后应变无明显变化。

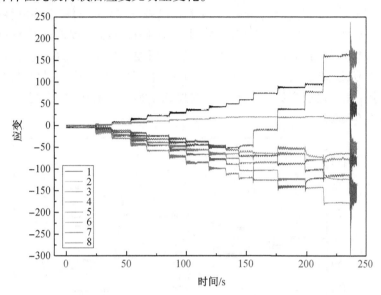

图2-17 动态测试系统仪器输出时间-应变图2

(3)试验方案3(图2-18)

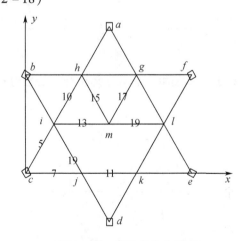

图2-18 试验方案3模型

①方案介绍

采用六角星型穹顶模型,将A类杆件拆除两根,各节点为刚接,将5 kg质量块间隔15 s分级施加于中央节点上(加载箱质量为25 kg)。

②试验现象

由于节点刚接作用,结构发生两级破坏:第一级破坏时结构没有发生完全倒塌,但出现较大的位移跳跃;第二级破坏时结构出现明显变形,但没有像第一级那样发生较大跳跃。试验加载至450 N时,中央节点及拆除杆件处两节点出现较明显扭转失稳迹象,拆除的两根杆件所对应的结构柱出现扭转破坏倾向。

③试验分析

在图2-19中,线1,2代表支座处两根受压杆件(5,7应变片),线3,4,5,6代表中央径向4根受压杆件(13,15,17,19应变片),线7,8代表环向水平两根受拉杆件(10,11应变片)。线2(7应变片)支座处的杆件相比另一根支座处杆件线1(5应变片)应变变化很小,可能拆除2根径向杆件后,对此根支座处杆件的作用相对较小。线6,7(15,17应变片)代表拆除2根杆件所对边的2根径向杆件,这2根径向杆件表现为受拉,另2根径向杆件则表现为受压,但应变相对之前方案变化不大。在加载至第8级荷载时,应变有一个跳跃,第9级荷载使结构发生破坏。

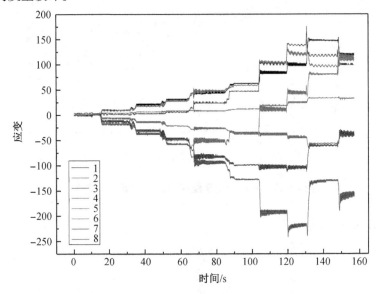

图2-19 动态测试系统仪器输出时间-应变图3

(4)试验方案4(图2-20)

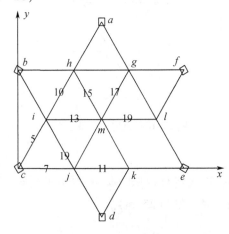

图2-20 试验方案4模型

①方案介绍

采用六角星型穿顶模型,拆除一根 B 类环向杆件,各节点为刚接,将 5 kg 质量块间隔 15 s 分级施加于中央节点上(加载箱质量为 25 kg)。

②试验现象

拆除杆件对应支座发生较大倾斜,相邻支座也出现了扭转失稳的现象,结构竖向变形较大,加载箱直接落到地面上,但结构整体承载能力较先前试验有所提高(1 000 N),大部分杆件出现弯扭失稳现象,如图 2-21 和图 2-22 所示。

图 2-21　加载前结构形态 4　　　　　　图 2-22　加载后结构形态 4

③试验分析

在图 2-23 中,线 1,2 代表支座处 2 根受压杆件(5,7 应变片),线 3,4,5,6 代表中央径向 4 根受压杆件(13,15,17,19 应变片),线 7,8 代表环向水平 2 根受拉杆件(10,11 应变片)。支座处的应力变化不大,线 3,4(10,11 应变片)代表的环向杆件在第 16 级荷载后应变无明显变化。

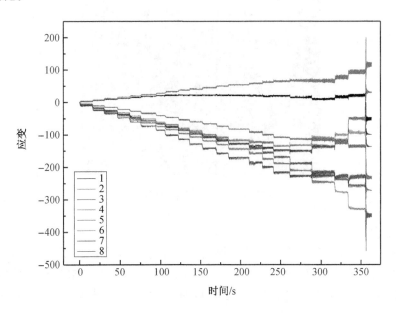

图 2-23　动态测试系统仪器输出时间-应变图 4

（5）试验方案5（图2-24）

①方案介绍

采用六角星型穹顶模型，拆除一根 C 类支座杆件，各节点为刚接，将 5 kg 质量块间隔 15 s 分级施加于中央节点上（加载箱质量为 25 kg）。

②试验现象

在加载过程中，移除杆件所连接的节点竖向位移较大，随后相邻一侧节点与其共同发生竖向变形。当加载到 1 350 N 时，结构发生倾覆破坏，杆件表现为受扭，结构承载力较之前试验大大增加，结构呈现脆性破坏，环向杆件所围中心圆区域仍然保持很好的整体性，如图 2-25 和图 2-26 所示。

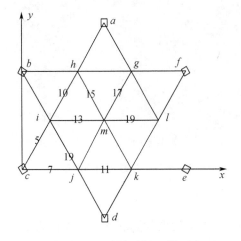

图2-24 试验方案5模型

图2-25 加载前结构形态5

图2-26 加载后结构形态5

③试验分析

在图2-27中，线1,2代表支座处2根受压杆件（5,7应变片），线3,4,5,6代表中央径向4根受压杆件（13,15,17,19应变片），线7,8代表环向水平2根受拉杆件（10,11应变片）。线1（5应变片）应变变化量很小，线8（19应变片）代表的径向杆件成为拉杆。

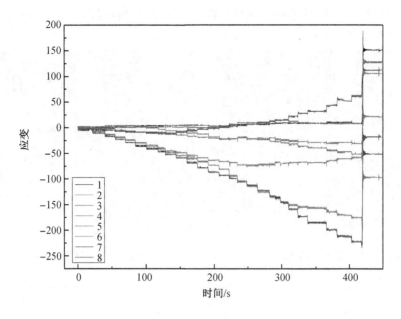

图 2－27　动态测试系统仪器输出时间－应变图 5

（6）试验方案 6（图 2－28）

①方案介绍

采用六角星型穹顶模型,拆除两根 C 类杆件（拆除一个支座）,各节点为刚接。将 5 kg 质量块间隔 15 s 分级施加于中央节点上（加载箱质量为 25 kg）。

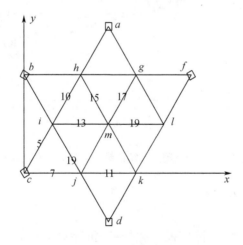

图 2－28　试验方案 6 模型

②试验现象

在加载过程中,被移除支座杆件一侧发生较大竖向位移,随即整个结构向这一侧发生倾覆。但环向杆件所围中心圆区域仍保持较好整体稳定性。承载能力较方案 5 有所减弱,如图 2－29 和图 2－30 所示。

③试验分析

在图 2－31 中,线 1,2 代表支座处 2 根受压杆件（5,7 应变片）,线 3,4,5,6 代表中央径向 4 根受压杆件（13,15,17,19 应变片）,线 7,8 代表环向水平 2 根受拉杆件（10,11 应变片)。线1,2(5,7应变片)代表的支座处的杆件成为受拉杆件,线4(11应变片)代表的环向杆件应变无明显变化。

图2-29　加载前结构形态6

图2-30　加载后结构形态6

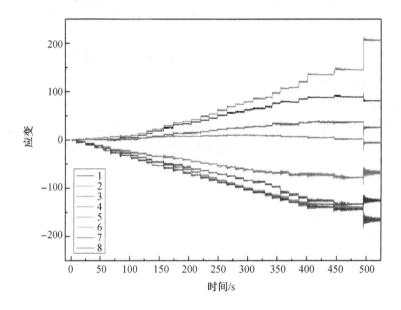

图2-31　动态测试系统仪器输出时间-应变图6

(7)试验方案7(如图2-32)

①方案介绍

采用六角星型穹顶模型,拆除四根C类杆件(拆除对角两个支座),各节点为刚接。将5 kg质量块间隔15 s分级施加于中央节点上(加载箱质量为25 kg)。

②试验现象

结构出现整体倾覆,但并没有倒塌,环向杆件所围中心圆区域仍保持较好整体性,整个结构向先前移除支座杆件一侧倾斜,没有达到预想整体失稳。可能是由于先前试验影响,结构向较薄弱一侧发生破坏,承载能力较试验方案5、试验方案6有所减弱,如图2-33和图2-34所示。

③试验分析

在图2-35中,线1,2代表支座处2根受压杆件(5,7应变片),线3,4,5,6代表中央径向

4 根受压杆件(13,15,17,19 应变片),线7,8 代表环向水平 2 根受拉杆件(10,11 应变片)。

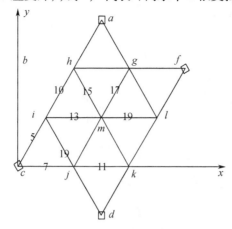

图 2-32　试验方案 7 模型

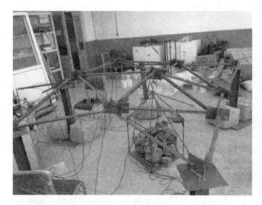

图 2-33　加载前结构形态 7

图 2-34　加载后结构形态 7

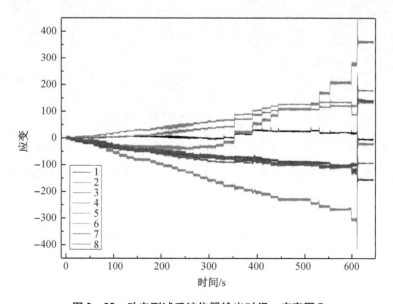

图 2-35　动态测试系统仪器输出时间-应变图 7

（8）试验方案8（图2-36）

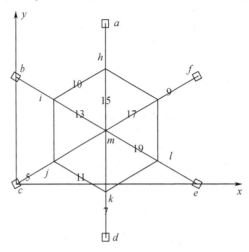

图2-36　试验方案8模型

①方案介绍

采用六角星型穹顶模型，拆除四根C类杆件（拆除对角两个支座），各节点为刚接。将5 kg质量块间隔15 s分级施加于中央节点上（加载箱质量为25 kg）。

②试验现象

结构发生倾覆破坏，环向杆件所围中心圆区域仍然保持较好的整体稳定性，并没有发生预想的整体失稳，可能由于每个支座都由一根杆件相连，此杆件两端螺栓校紧程度存在差异，结构会向薄弱一侧发生破坏，如图2-37和图2-38所示。

图2-37　加载前结构形态8

图2-38　加载后结构形态8

③试验分析

在图2-39中，线1,2代表支座处2根受压杆件（5,7应变片），线3,4,5,6代表中央径向4根受压杆件（13,15,17,19应变片），线7,8代表环向水平2根受拉杆件（10,11应变片）。

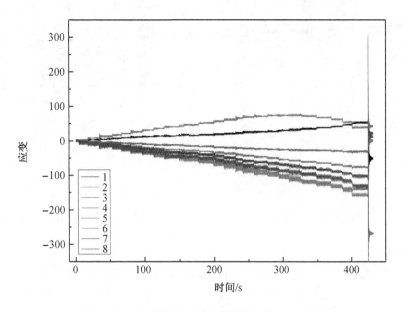

图2-39 动态测试系统仪器输出时间-应变图8

(9)试验方案9(图2-40)

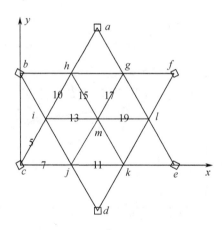

图2-40 方案9模型

①方案介绍

采用六角星型穹顶模型,拆除四根C类杆件(拆除对角两个支座),各节点为刚接。将5 kg质量块间隔15 s分级施加于中央节点上(加载箱质量为25 kg)。

②试验现象

结构向一侧发生倾覆,环向杆件所围中心圆区域仍保持较好的整体稳定性。可能由于先前试验在破坏一侧破坏多次的影响,此处已成为薄弱侧,所以并没有发生预想的整体失稳破坏,如图2-41和图2-42所示。

图 2 – 41　加载前结构形态 9

图 2 – 42　加载后结构形态 9

③试验分析

在图 2 – 43 中,线 1,2 代表支座处 2 根受压杆件(5,7 应变片),线 3,4,5,6 代表中央径向 4 根受压杆件(13,15,17,19 应变片),线 7,8 代表环向水平 2 根受拉杆件(10,11 应变片)。

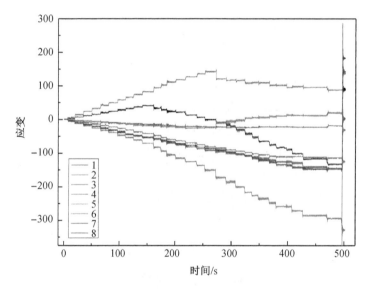

图 2 – 43　动态测试系统仪器输出时间 – 应变图 9

通过完整模型与拆杆模型加载对比并结合 ANSYS 有限元分析得出:模型 A、C 类杆件为受压杆件,B 类杆件为受拉杆件。试验方案 2 拆除 A 类受压杆件,结构整体承载能力有所降低,由于结构不再是对称结构,破坏过程会出现扭转失稳迹象。试验方案 3 拆除两根 A 类受压杆件,结构的扭转失稳迹象更加明显,承载能力也有明显减弱。试验方案 4 拆除一根 B 类受拉杆件,承载能力较试验方案 2、试验方案 3 都有较大提高,说明受拉杆件对结构整体的稳定控制弱于受压杆件,但试验加载过程中加载箱直接落到地面,并给予结构竖向位移约束,如果消除此约束结构很有可能发生更大程度的连续性倒塌。通过对比试验方案 1、试验方案 2、试验方案 3、试验方案 4 的试验现象可知受压构件影响杆件群局部失稳,受拉杆件的缺失导致不同受压杆件群逐次失稳,发生连续性倒塌。所以受拉构件对于局部失稳和整体失稳的影响更大。

试验方案5拆除C类受压杆件,结构承载能力相对于试验方案1无明显削弱,但结构出现连续性倒塌。试验方案7、试验方案8、试验方案9改变了结构支座支撑情况,对结构整体稳定性及承载能力有影响,多次试验连续破坏对结构存在影响(连接点螺栓的损坏、杆件的变形、支座固定不牢固等因素),虽没有达到预想的破坏效果,但是同样可以得出结构的支座支撑情况对整个结构的承载能力及整体稳定性影响很大,会造成结构整体向薄弱侧整体倾覆或者局部失稳造成连续性倒塌。

2.2 弦支穹顶结构破坏性模型试验

2.2.1 模型试验的提出

空间网架结构由于外形优美、受力合理,已经越来越广泛地被运用到生活中。基于穹顶结构在保证整体稳定性的前提下对空间网架结构进行优化设计,产生了对称形态的上弦空间网架结构。由于在大跨度设计中,该种网架结构往往不能满足稳定性要求,因此通过竖向撑杆将上弦网架结构与高强度拉索组合在一起,可提高结构的承载性能,构成了一种新型的弦支穹顶结构。空间网架结构的破坏往往是突发性的,其稳定性能的分析一直以来都是研究的重点。本书通过建立一个跨度为3.5 m的弦支穹顶结构来分析弦支穹顶结构的受力特性,如图2-44所示。

图2-44 试验模型图

2.2.2 试验模型材料及试验仪器

弦支穹顶结构采用∠25×3的单角钢,杨氏模量为$E = 206 \ \text{kN/mm}^2$,连接模式采用螺栓连接,螺栓采用竖向弦杆(采用∠30×2,∠25×2的方钢),连接模式为相互嵌套,中间用横向的螺栓卡住,拉索采用0.6 mm圆形钢索,支座采用100 mm×100 mm的工字钢作为钢柱,用混凝土方块将其压住,滑轮为承重0.3 t、直径为20 mm的滑轮。杆件的长度A为867.47 mm,B为866.03 mm,C为916.52 mm。扣除节点板的延长尺寸,精确到毫米,各角钢的实际取材长度A为767 mm、B为761 mm、C为817 mm。所有角钢的开孔位置均取杆件两段边缘30 mm处,开孔直径为12 mm。分别采用DE系列电子经纬仪及DS系列自动安平水准仪对缓冲荷载及各个节点板的竖向位移进行测量。

2.2.3 试验模型的建立

试验的设计需要控制试验的变量,排除无关变量对试验的影响。对各个试验工序及试验中可能发生的变化需要进行多次控制,保证试验时各个变量的变化保持一致。

1. 应变片的粘贴

应变片的粘贴工序需要保持一致,应变片的位置、应变片的寿命及应变片在使用过程中是否失效,都是试验过程中需要控制的。在每次试验开始阶段应利用万用表对试验中各个杆件上的应变片进行检测。

2. 预应力索的放置

原有结构为六角星型穹顶结构,要在结构中添加平面拉索增强结构的整体稳定性,应选择在节点处添加竖向的撑杆,在撑杆下方连接钢索。撑杆与钢索之间用滑轮连接。所选择的拉索方向应该沿着穹顶结构中的径向杆件的方向,将拉索的一侧固定在结构的一侧支座上,另一侧作为可活动的绳索连接,将用来连接试验中的不同级数的缓冲荷载,搭接在与先前拉索固定的支座的对应侧。进行试验时,首先确定结构在单索状态下极限承载力及结构中的应力应变分布,然后再进行结构在三索状况下结构的极限承载力及应力应变的研究,如图 2-45 和图 2-46 所示。

图 2-45　单索试验图

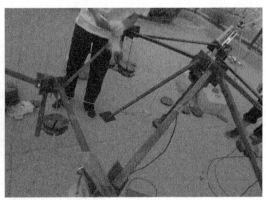

图 2-46　三索试验图

3. 克服结构中的摩擦因素

为了避免在试验进行过程中,结构由于杆件之间的摩擦而要克服相当一部分能量,在竖向撑杆下方添加一个顺拉索拉伸方向的滑轮,以移除拉索与竖向撑杆之间不必要的摩擦,避免竖向撑杆发生沿拉索张拉方向的拉力,从而影响试验结果,如图2-47 和图 2-48所示。

4. 荷载的施加方式

在六个周边节点板处悬挂一个砝码盘,通过增加砝码来完成试验荷载的施加。为了对支座节点位移变化进行测量,在各个节点板上粘贴一个尺子,利用水准仪对节点板的初始读数进行测量,在每次加载的过程中,记录水准仪中的数值变化,如图 2-49 所示。缓冲荷载的高度变化是对结构进行能量法分析所需的重要数据,在缓冲荷载一侧的支座上粘贴一个刻度尺,利用经纬仪对其高度变化进行测量。由于试验中竖向位移的变化比较小,因此忽略由于视线夹角产生的竖向位移的偏差,如图2-50所示。

图2-47 支座处节点板添加滑轮图　　　　图2-48 竖向撑杆添加滑轮图

图2-49 节点板处竖向位移控制方法　　　图2-50 缓冲荷载竖向位移控制形态

5. 测量

试验中利用水准仪对试验中各个节点板的竖向高度的变化进行测量,分析节点板的能量传递。因为缓冲荷载的高度较低,无法用水准仪进行测量,所以改用经纬仪。经纬仪在测量过程中存在竖向的角度,对试验中的高度测量有一个较小的竖向位移误差,因此在分析过程中应忽略该变化对缓冲荷载高度变化的影响。试验中的测量道具布置图如图2-51所示。

图2-51 试验中的测量道具布置图

6. 模型组装

模型组装如图 2-52 和图 2-53 所示。该弦支穹顶结构在搭接完成后应对试验中量测杆件粘贴应变片,对试验中的支座进行编号,并根据现场的实际工况对通道所连接的杆件进行编号。

图 2-52 模型组装图 1

图 2-53 模型组装图 2

第3章　杆系结构关键系数的有限元分析

3.1　关键系数计算应力变化率法

3.1.1　应力变化率法的提出

定义结构时程中某一时刻 t 的总应变能为 π,可以得到表达式

$$\pi = \iiint_v \mu \mathrm{d}v \qquad (3-1)$$

式中,μ 为应变能密度,$\mu = \sigma_{ij}\varepsilon_{ij}/2$;$v$ 为体积;σ_{ij} 和 ε_{ij} 分别为第 j 根杆件应力变化在第 i 根杆件位置所产生的应力和应变。

结构处于弹性状态时,$\sigma_{ij} = C_{ij}\varepsilon_{ij}$,$C_{ij}$ 为弹性模量矩阵分量。对总应变能求微分得到

$$\mathrm{d}\pi = \frac{1}{C_{ij}} \iiint_v \sigma_{ij} \mathrm{d}\sigma_{ij} \mathrm{d}v \qquad (3-2)$$

对杆系结构应用有限元法划分单元后,总应变能可写为

$$\mathrm{d}\pi = \sum_1^m \frac{1}{C_{ij}} \int^v \boldsymbol{\sigma} \mathrm{d}\boldsymbol{\sigma} \mathrm{d}v \qquad (3-3)$$

当结构发生动力失稳时,总应变能发生突变,总应变能的时间微分,即总应变能随时间的变化率 $\mathrm{d}\pi$ 会突然跳跃到一个相对很大值,而应力向量 $\boldsymbol{\sigma}$ 是一个有界向量,故必然由于应力变化率 $\mathrm{d}\boldsymbol{\sigma}$ 突然跳跃到一个相对很大值才能取得,因此可得到判定结构动力失稳的应力变化率准则为:应力变化率突然跳跃到一个相对很大值时,结构发生动力失稳。

3.1.2　应力变化率法的局限

应力变化率法的提出使得关键构件的判断从复杂的计算或经验的判断上升到了简便并具有数理可靠性的阶段。然而,通过实践检验,发现单纯的应力变化率法还存在如下缺陷:

(1)应力变化率法虽能较为简便地解决当杆件数量较少且发生连续倒塌时少数杆件被破坏的情况下的关键构件判断,但在杆件被破坏数量较多且多根杆件均发生大的应力变化率突变的情况下,判断就略显困难;

(2)当结构发生大规模连续性倒塌时,无法较为准确地模拟出倒塌场景,无法准确地判断应力变化率突变值接近的杆件被破坏的先后顺序及杆件对于结构发生连续倒塌的重要性。

3.2　柱的特征移除系数

郑阳等提出了一种柱的特征移除系数,以此来定量地计算构件在连续倒塌中的重要性指标。其认为,结构在连续倒塌过程中,当梁进入大变形阶段后,梁柱结构将通过悬链线机制提供抗倒塌承载力,在此之后,框架结构将进入倒塌临界状态,并趋于被破坏。因此,悬链线作用阶段,是结构抵抗连续倒塌的最后防线,也是进行抗倒塌设计的关键阶段。通过对悬链线作用阶段的受力进行分析,可以得到梁柱结构的极限承载力。结构构件在连续倒塌中的重要性指标是对结构进行抗连续倒塌设计的重要参数。对结构进行抗连续倒塌分析设计时悬链线阶段是关键阶段。基于梁柱结构在悬链线状态下的屈服特性,推导得到的钢梁在悬链线状态下最大容许位移的计算公式为

$$\frac{\beta q L^2}{4\tau M_p} + \frac{EA}{2L^2}\left(\frac{1}{N_p} - \frac{v}{2\tau M_p}\right)\left[v(v - 4r_{p2}) + 4v_E(r_{p2} - r_{p1})\right] = 1 \qquad (3-4)$$

式中变量说明请参阅相关文献,可以利用 MATLAB 软件进行求解,并进一步提出构件重要性评价指标,该方法可以给出结构中构件的重要性排序。借鉴柱的特征移除系数公式的形式,可将其推广运用到大跨空间结构的抗连续性倒塌计算中,并对其作出适当的修改以满足本书所提出的理论方法。

3.3　基于应力变化率法的关键系数法

3.3.1　基于应力变化率法的关键系数法的提出

基于上述普通的应力变化率法的缺陷,现引入杆件关键系数 k 来解决上述问题,定义 k 的计算公式为

$$k = \frac{1}{n}\sum_1^n \frac{S_i}{R_i} \qquad (3-5)$$

式中,n 为与待确定关键系数的杆件相连的所有杆件(包括该杆件)的根数,S_i 为这些杆件在荷载作用下所受到的内力(以 ANSYS 分析所得值为准),R_i 为杆件的抗力。该关键系数的含义为周围杆件的强度冗余值对该根杆件在结构连续倒塌时所做出的贡献。

将此关键系数法结合应力变化率法便能有效、迅速地找出关键构件,可以有效地模拟结构的倒塌场景,为工程实际应用带来方便。下面将结合算例来具体介绍该种方法。

3.3.2　星型网壳结构算例

分析如图 3-1 所示的星型网壳结构,其中,图 3-1(a)为平面图,图 3-1(b)为立面图,图 3-1(c)为节点编号图。

材料各参量取值为:弹性模量 $E = 3.03 \times 10^9$ MPa,泊松比 $\nu = 0.3$,杆截面面积 $A = 317$ mm^2,杆件密度为 50 g/cm^3。荷载施加方式如下所示。

工况一(均匀荷载):在各节点处施加均匀阶跃荷载 P,荷载步 N 每增加一步(每步时间设为 0.2 s),荷载增加 10 N。

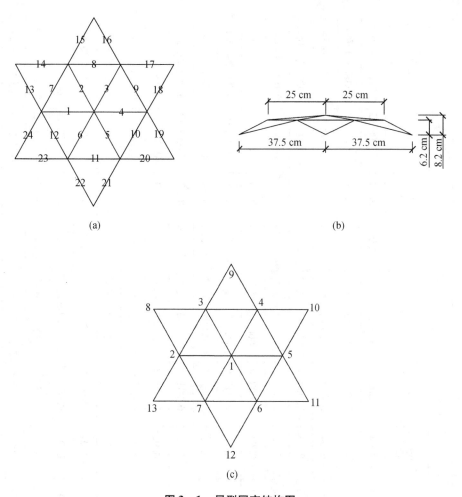

图 3 - 1 星型网壳结构图

(a)平面图;(b)立面图;(c)节点编号图

工况二(不均匀荷载):以点 13 为坐标原点,点 13 和点 8 的连线所在直线为 y 轴,点 13 和点 11 的连线所在直线为 x 轴,在每个节点上施加阶跃荷载 P,每个节点初始荷载为其坐标值的代数和,则 $P = (x^2 + 2y^2) \times 100$,荷载步每增加一步(每步时间为 0.2 s),荷载增加 20 N。

工况三(地震荷载):对结构施加 EL-Centro 地震波,取其前 300 荷载步进行计算。

下面分别讨论计算结果。

工况一:由于结构为对称结构,受力为对称力,根据结构力学相关知识,取杆件 3、杆件 8 和杆件 16 为研究对象,分别对杆件进行计算,见表 3 - 1。

由表 3 - 1 可得各杆件的每一荷载步的 k 值均相同,所以每根杆件的应力变化率曲线和乘以 k 值以后的变化率曲线变化趋势没有发生改变。三根杆件应力变化率如图 3 - 2 至图 3 - 4 所示。

工况二:虽然结构为对称结构,然而荷载不均匀、不对称,所以应该计算每一根杆件,部分计算结果见表 3 - 2。

工况二中的数据量较大,在此选取杆件 1、杆件 2、杆件 11 和杆件 7 进行分析,分析结果如图 3 - 5 至图3 - 8 所示。

表 3-1 工况一计算结果

荷载步	杆件 3				杆件 8				杆件 16			
	应力	$\frac{d\sigma}{dt}$	k 值	$k\frac{d\sigma}{dt}$	应力	$\frac{d\sigma}{dt}$	k 值	$k\frac{d\sigma}{dt}$	应力	$\frac{d\sigma}{dt}$	k 值	$k\frac{d\sigma}{dt}$
1	-0.07	-0.33	-0.000 15	$4.850\ 2\times10^{-5}$	-0.01	-0.04	-0.000 15	$5.816\ 81\times10^{-6}$	-0.08	-0.38	-0.000 15	$5.581\ 01\times10^{-5}$
2	-0.13	-0.33	-0.000 29	$9.763\ 7\times10^{-5}$	-0.02	-0.04	-0.000 29	$1.112\ 88\times10^{-5}$	-0.15	-0.38	-0.000 29	0.000 111 764
3	-0.20	-0.34	-0.000 44	0.000 147 421	-0.02	-0.04	-0.000 44	$1.590\ 44\times10^{-5}$	-0.23	-0.38	-0.000 44	0.000 167 86
4	-0.27	-0.34	-0.000 58	0.000 197 87	-0.03	-0.03	-0.000 58	$2.010\ 97\times10^{-5}$	-0.31	-0.38	-0.000 58	0.000 224 096
5	-0.33	-0.34	-0.000 73	0.000 249 001	-0.04	-0.03	-0.000 73	$2.370\ 91\times10^{-5}$	-0.38	-0.38	-0.000 73	0.000 280 469
6	-0.40	-0.34	-0.000 88	0.000 300 832	-0.04	-0.03	-0.000 88	$2.666\ 44\times10^{-5}$	-0.46	-0.38	-0.000 88	0.000 336 977
7	-0.47	-0.35	-0.001 02	0.000 353 38	-0.05	-0.03	-0.001 02	$2.893\ 5\times10^{-5}$	-0.54	-0.38	-0.001 02	0.000 393 616
8	-0.54	-0.35	-0.001 17	0.000 406 665	-0.06	-0.03	-0.001 17	$3.047\ 78\times10^{-5}$	-0.61	-0.39	-0.001 17	0.000 450 383
9	-0.61	-0.35	-0.001 32	0.000 460 705	-0.06	-0.02	-0.001 32	$3.064\ 09\times10^{-5}$	-0.69	-0.39	-0.001 32	0.000 507 273
10	-0.68	-0.35	-0.001 46	0.000 515 488	-0.07	-0.02	-0.001 46	$3.083\ 89\times10^{-5}$	-0.77	-0.39	-0.001 46	0.000 564 252
11	-0.75	-0.36	-0.001 61	0.000 581 353	-0.07	-0.02	-0.001 61	$2.972\ 6\times10^{-5}$	-0.84	-0.39	-0.001 61	0.000 621 362
12	-0.82	-0.36	-0.001 76	0.000 631 282	-0.07	-0.02	-0.001 76	$2.763\ 02\times10^{-5}$	-0.92	-0.39	-0.001 76	0.000 679 054
13	-0.89	-0.36	-0.001 9	0.000 689 662	-0.08	-0.01	-0.001 9	$2.443\ 32\times10^{-5}$	-1.00	-0.39	-0.001 9	0.000 736 51
14	-0.97	-0.37	-0.002 05	0.000 749 132	-0.08	-0.01	-0.002 05	$2.006\ 24\times10^{-5}$	-1.08	-0.39	-0.002 05	0.000 794 085
15	-1.04	-0.37	-0.002 2	0.000 809 746	-0.08	-0.01	-0.002 2	$1.441\ 73\times10^{-5}$	-1.15	-0.39	-0.002 2	0.000 851 774
16	-1.11	-0.37	-0.002 35	0.000 871 56	-0.08	0.00	-0.002 35	$7.385\ 71\times10^{-6}$	-1.23	-0.39	-0.002 35	0.000 909 57
17	-1.19	-0.37	-0.002 49	0.000 934 635	-0.08	0.00	-0.002 49	$-1.158\ 71\times10^{-6}$	-1.31	-0.39	-0.002 49	0.000 967 468

杆编号

表 3-1(续1)

荷载步	杆编号											
	杆件3				杆件8				杆件16			
	应力	$\dfrac{\mathrm{d}\sigma}{\mathrm{d}t}$	k值	$k\dfrac{\mathrm{d}\sigma}{\mathrm{d}t}$	应力	$\dfrac{\mathrm{d}\sigma}{\mathrm{d}t}$	k值	$k\dfrac{\mathrm{d}\sigma}{\mathrm{d}t}$	应力	$\dfrac{\mathrm{d}\sigma}{\mathrm{d}t}$	k值	$k\dfrac{\mathrm{d}\sigma}{\mathrm{d}t}$
18	-1.26	-0.38	-0.002 64	0.000 999 036	-0.08	0.00	-0.002 64	$-1.135\ 83\times10^{-5}$	-1.39	-0.39	-0.002 64	0.001 025 458
19	-1.34	-0.38	-0.002 79	0.001 064 831	-0.08	0.01	-0.002 79	$-2.337\ 44\times10^{-5}$	-1.46	-0.39	-0.002 79	0.001 083 531
20	-1.42	-0.39	-0.002 94	0.001 132 094	-0.08	0.01	-0.002 94	$-3.739\ 06\times10^{-5}$	-1.54	-0.39	-0.002 94	0.001 141 678
21	-1.49	-0.39	-0.003 08	0.001 200 902	-0.08	0.02	-0.003 08	$-5.361\ 7\times10^{-5}$	-1.62	-0.39	-0.003 08	0.001 199 885
22	-1.57	-0.39	-0.003 23	0.001 271 338	-0.08	0.02	-0.003 23	$-7.229\ 52\times10^{-5}$	-1.70	-0.39	-0.003 23	0.001 258 137
23	-1.65	-0.40	-0.003 38	0.001 343 489	-0.07	0.03	-0.003 38	$-9.370\ 43\times10^{-5}$	-1.78	-0.39	-0.003 38	0.001 316 419
24	-1.73	-0.40	-0.003 52	0.001 417 449	-0.07	0.03	-0.003 52	-0.000 118 169	-1.85	-0.39	-0.003 52	0.001 374 709
25	-1.81	-0.41	-0.003 67	0.001 493 315	-0.06	0.04	-0.003 67	-0.000 146 071	-1.93	-0.39	-0.003 67	0.001 432 984
26	-1.89	-0.41	-0.003 82	0.001 571 191	-0.05	0.05	-0.003 82	-0.000 177 857	-2.01	-0.39	-0.003 82	0.001 491 217
27	-1.97	-0.42	-0.003 96	0.001 651 188	-0.04	0.05	-0.003 96	-0.000 214 06	-2.09	-0.39	-0.003 96	0.001 549 374
28	-2.06	-0.42	-0.004 11	0.001 733 418	-0.03	0.06	-0.004 11	-0.000 255 318	-2.17	-0.39	-0.004 11	0.001 607 417
29	-2.14	-0.43	-0.004 25	0.001 818 001	-0.02	0.07	-0.004 25	-0.000 302 399	-2.24	-0.39	-0.004 25	0.001 665 299
30	-2.23	-0.43	-0.004 4	0.001 905 06	0.00	0.08	-0.004 4	-0.000 356 242	-2.32	-0.39	-0.004 4	0.001 722 963
31	-2.31	-0.44	-0.004 54	0.001 994 72	0.01	0.09	-0.004 54	-0.000 417 999	-2.40	-0.39	-0.004 54	0.001 780 339
32	-2.40	-0.45	-0.004 68	0.002 087 108	0.03	0.10	-0.004 68	-0.000 489 105	-2.48	-0.39	-0.004 68	0.001 837 345
33	-2.49	-0.45	-0.004 83	0.002 182 347	0.05	0.12	-0.004 83	-0.000 571 365	-2.56	-0.39	-0.004 83	0.001 893 876
34	-2.58	-0.46	-0.004 97	0.002 280 553	0.08	0.13	-0.004 97	-0.000 667 08	-2.64	-0.39	-0.004 97	0.001 949 803

表 3-1（续 2）

荷载步	杆件 3 应力	杆件 3 $\dfrac{d\sigma}{dt}$	杆件 3 k值	杆件 3 $k\dfrac{d\sigma}{dt}$	杆件 8 应力	杆件 8 $\dfrac{d\sigma}{dt}$	杆件 8 k值	杆件 8 $k\dfrac{d\sigma}{dt}$	杆件 16 应力	杆件 16 $\dfrac{d\sigma}{dt}$	杆件 16 k值	杆件 16 $k\dfrac{d\sigma}{dt}$
35	-2.67	-0.47	-0.005 11	0.002 381 828	0.10	0.15	-0.005 11	-0.000 779 222	-2.71	-0.39	-0.005 11	0.002 004 964
36	-2.76	-0.47	-0.005 24	0.002 486 25	0.13	0.17	-0.005 24	-0.000 911 696	-2.79	-0.39	-0.005 24	0.002 059 152
37	-2.86	-0.48	-0.005 38	0.002 593 86	0.17	0.23	-0.005 38	-0.001 215 803	-2.87	-0.39	-0.005 38	0.002 111 077
38	-2.96	-0.49	-0.005 5	0.002 702 037	0.21	0.25	-0.005 5	-0.001 350 053	-2.95	-0.39	-0.005 5	0.002 160 668
39	-3.05	-0.50	-0.005 62	0.002 814 202	0.26	0.29	-0.005 62	-0.001 649 964	-3.03	-0.39	-0.005 62	0.002 208 119
40	-3.15	-0.51	-0.005 74	0.002 927 923	0.32	0.36	-0.005 74	-0.002 067 628	-3.11	-0.39	-0.005 74	0.002 251 405
41	-3.26	-0.52	-0.005 85	0.003 041 576	0.39	0.46	-0.005 85	-0.002 698 915	-3.19	-0.39	-0.005 85	0.002 288 09
42	-3.36	-0.73	-0.005 93	0.004 326 521	0.49	0.64	-0.005 93	-0.003 787 443	-3.26	-0.39	-0.005 93	0.002 312 969
43	-3.51	-3.68	-0.006 03	0.022 150 246	0.61	1.53	-0.006 03	-0.009 197	-3.34	-0.38	-0.006 03	0.002 297 797
44	-4.24	32.23	-0.006 51	-0.209 974 52	0.92	-32.94	-0.006 51	0.214 563 052	-3.42	-0.73	-0.006 51	0.004 776 554
45	2.20	-27.11	-0.006 79	0.184 135 742	-5.67	28.40	-0.006 79	-0.192 925 028	-3.57	-0.10	-0.006 79	0.000 678 218
46	-3.22	128.96	-0.006 56	-0.846 153 74	0.01	-88.91	-0.006 56	0.583 381 858	-3.59	2.26	-0.006 56	-0.014 833 772
47	22.58	-115.75	0.001 615	-0.186 881 64	-17.77	81.09	0.001 615	0.130 924 392	-3.13	-3.12	0.001 615	-0.005 030 727
48	-0.57	229.45	-0.005 68	-1.304 291 97	-1.55	24.12	-0.005 68	-0.137 117 486	-3.76	37.08	-0.005 68	-0.210 767 352
49	45.32	-188.29	0.050 479	-9.504 465 31	3.27	-63.87	0.050 479	-3.224 132 096	3.66	-38.17	0.050 479	-1.926 974 651
50	7.66	-26.12	-0.005 62	0.146 887 01	-9.50	15.60	-0.005 62	-0.087 759 21	-3.98	-0.43	-0.005 62	0.002 394 623
51	2.43		-0.007 74		-6.38		-0.007 74		-4.06		-0.007 74	

表 3-2 工况二部分计算结果

杆编号

荷载步	杆件1				杆件2				杆件7				杆件11			
	应力	$\dfrac{d\sigma}{dt}$	k值	$k\dfrac{d\sigma}{dt}$	应力	$\dfrac{d\sigma}{dt}$	k值	$k\dfrac{d\sigma}{dt}$	应力	$\dfrac{d\sigma}{dt}$	k值	$k\dfrac{d\sigma}{dt}$	应力	$\dfrac{d\sigma}{dt}$	k值	$k\dfrac{d\sigma}{dt}$
1	-0.04	-0.66	0.000 202	-0.000 13	-0.07	-0.66	0.000 409	-0.000 27	-0.11	-0.08	0.000 438	-3.7×10^{-5}	0.00	-0.08	0.000 272	-2.2×10^{-5}
2	-0.17	-0.67	0.000 519	-0.000 35	-0.20	-0.67	0.000 738	-0.000 49	-0.13	-0.08	0.000 725	-5.6×10^{-5}	-0.02	-0.08	0.000 56	-4.2×10^{-5}
3	-0.31	-0.68	0.000 842	-0.000 57	-0.34	-0.68	0.001 07	-0.000 73	-0.15	-0.07	0.001 014	-7.1×10^{-5}	-0.04	-0.07	0.000 85	-5.8×10^{-5}
4	-0.44	-0.69	0.001 167	-0.000 8	-0.47	-0.69	0.001 404	-0.000 97	-0.16	-0.06	0.001 305	-8.1×10^{-5}	-0.05	-0.06	0.001 14	-6.8×10^{-5}
5	-0.58	-0.70	0.001 502	-0.001 05	-0.61	-0.70	0.001 74	-0.001 22	-0.17	-0.05	0.001 604	-8.6×10^{-5}	-0.06	-0.05	0.001 438	-7.3×10^{-5}
6	-0.72	-0.71	0.001 84	-0.001 31	-0.75	-0.71	0.002 079	-0.001 48	-0.18	-0.04	0.001 903	-8.2×10^{-5}	-0.07	-0.04	0.001 736	-7.1×10^{-5}
7	-0.86	-0.72	0.002 181	-0.001 57	-0.89	-0.72	0.002 421	-0.001 75	-0.19	-0.03	0.002 202	-7.2×10^{-5}	-0.08	-0.03	0.002 035	-6.2×10^{-5}
8	-1.01	-0.73	0.002 526	-0.001 86	-0.07	-0.74	0.002 766	-0.002 03	-0.20	-0.02	0.002 501	-5.2×10^{-5}	-0.09	-0.02	0.002 333	-4.3×10^{-5}
9	-1.15	-0.75	0.002 873	-0.002 15	-0.20	-0.75	0.003 115	-0.002 34	-0.20	-0.01	0.002 8	-2.1×10^{-5}	-0.09	0.00	0.002 631	-1.3×10^{-5}
10	-1.30	-0.77	0.003 225	-0.002 47	-0.34	-0.77	0.003 467	-0.002 66	-0.20	0.01	0.003 098	2.35×10^{-5}	-0.09	0.01	0.002 929	2.96×10^{-5}
11	-1.46	-0.78	0.003 58	-0.002 81	-0.47	-0.78	0.003 823	-0.003	-0.20	0.02	0.003 396	8.35×10^{-5}	-0.08	0.03	0.003 226	8.76×10^{-5}
12	-1.61	-0.80	0.003 94	-0.003 17	-0.61	-0.80	0.004 184	-0.003 37	-0.20	0.04	0.003 693	0.000 163	-0.08	0.05	0.003 522	0.000 164
13	-1.78	-0.83	0.004 305	-0.003 57	-0.75	-0.83	0.004 55	-0.003 77	-0.19	0.07	0.003 989	0.000 266	-0.07	0.07	0.003 818	0.000 264
14	-1.94	-0.86	0.004 675	-0.004	-0.89	-0.86	0.004 922	-0.004 21	-0.18	0.09	0.004 285	0.000 399	-0.06	0.10	0.004 113	0.000 394
15	-2.11	-0.89	0.005 059	-0.004 49	-1.04	-0.89	0.005 3	-0.004 71	-0.16	0.12	0.004 586	0.000 571	-0.04	0.13	0.004 414	0.000 562
16	-2.29	-0.93	0.005 459	-0.005 06	-1.19	-0.93	0.005 686	-0.005 27	-0.13	0.16	0.004 895	0.000 797	-0.01	0.17	0.004 722	0.000 782

表 3 - 2（续）

荷载步	杆件 1				杆件 2				杆件 7				杆件 11			
	应力	$\dfrac{d\sigma}{dt}$	k 值	$k\dfrac{d\sigma}{dt}$	应力	$\dfrac{d\sigma}{dt}$	k 值	$k\dfrac{d\sigma}{dt}$	应力	$\dfrac{d\sigma}{dt}$	k 值	$k\dfrac{d\sigma}{dt}$	应力	$\dfrac{d\sigma}{dt}$	k 值	$k\dfrac{d\sigma}{dt}$
17	-2.48	-0.98	0.005 873	-0.005 73	-1.34	-0.98	0.006 081	-0.005 93	-0.10	0.21	0.005 207	0.001 096	0.02	0.21	0.005 045	0.001 076
18	-2.67	-1.04	0.006 303	-0.006 53	-1.49	-1.04	0.006 487	-0.006 72	-0.06	0.27	0.005 522	0.001 5	0.06	0.27	0.005 387	0.001 479
19	-2.88	-1.14	0.006 755	-0.007 73	-1.65	-1.14	0.006 908	-0.007 91	0.00	0.38	0.005 842	0.002 191	0.12	0.38	0.005 741	0.002 17
20	-3.11	-1.27	0.007 286	-0.009 24	-1.81	-1.27	0.007 396	-0.009 38	0.07	0.50	0.006 214	0.003 124	0.19	0.51	0.006 115	0.003 093
21	-3.36	-1.51	0.007 876	-0.011 91	-1.97	-1.51	0.007 929	-0.011 98	0.17	0.75	0.006 613	0.004 958	0.29	0.75	0.006 569	0.004 946
22	-3.66	-2.33	0.008 58	-0.019 99	-2.14	-2.33	0.008 602	-0.020 03	0.32	1.58	0.007 121	0.011 226	0.44	1.58	0.007 111	0.011 236
23	-4.13	25.49	0.009 664	0.246 324	-2.32	25.49	0.009 685	0.246 882	0.64	-14.96	0.007 927	-0.118 59	0.76	-14.96	0.007 916	-0.118 46
24	0.97	-26.01	0.005 096	-0.132 54	-2.51	-26.01	0.005 356	-0.139 31	-2.35	14.49	0.007 801	0.113 018	-2.23	14.50	0.007 6	0.110 184
25	-4.23	33.37	0.009 974	0.332 827	-2.70	33.39	0.009 995	0.333 723	0.54	-35.13	0.008 313	-0.292 07	0.67	-35.08	0.008 302	-0.291 22
26	2.44	0.41	0.010 277	0.004 173	-2.91	0.41	0.010 533	0.004 271	-6.48	-1.21	0.013 232	-0.015 95	-6.35	-1.20	0.013 02	-0.015 64
27	2.52	0.33	0.010 654	0.003 559	-3.14	0.33	0.010 911	0.003 638	-6.72	-1.16	0.013 732	-0.016	-6.59	-1.16	0.013 518	-0.015 69
28	2.59				-3.39				-6.96				-6.82			

注：表中应力单位均为 MPa。

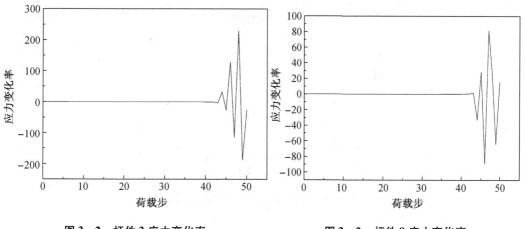

图3-2　杆件3应力变化率

图3-3　杆件8应力变化率

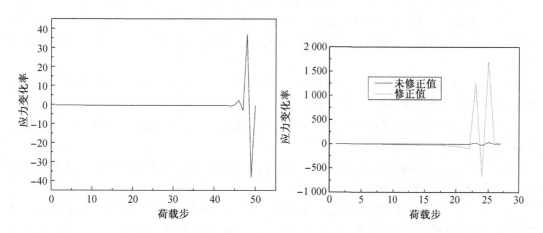

图3-4　杆件16应力变化率

图3-5　杆件1应力变化率及修正值

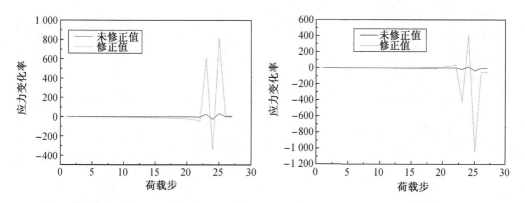

图3-6　杆件2应力变化率及修正值

图3-7　杆件7应力变化率及修正值

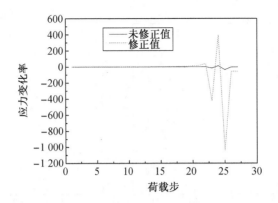

图 3 - 8　杆件 11 应力变化率及修正值

应力变化率修正值的含义为 k 的值乘以一个放大系数使得所得值在一荷载步时的大小和应力变化率曲线的大小一致,即将两条曲线移至同一起点,以便于比较。

对应力变化率进行修正后发现原应力变化率的幅值被放大了,并且应力变化率开始突变时的荷载步向前移动,由此可以得出结论,修正后的应力变化率具有以下两点工程实际意义:

(1)由于 k 值将应力变化率幅值放大了,因此可以通过及时发现较微小的变化而对结构的使用情况及健康状况尽早作出判断;

(2)由于应力变化率突变的位置向前移动了,因此可以尽早预测结构的破坏,以获得时间采取应对措施。

工况三:在 EL-Centro 地震波作用下计算杆件 1、杆件 2、杆件 3 和杆件 4,其计算结果如图 3 - 9 至图 3 - 12 所示,所用应力变化率修正值与工况二相同。

由图 3 - 13 可知,在实际地震荷载作用下,采用关键系数法结合应力变化率法可以显著提高对结构破坏的预测能力,此方法对结构破坏的预测能力较传统应力变化率法有较大提高。

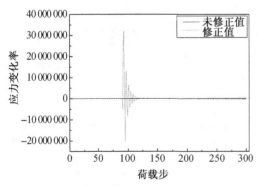

图 3 - 9　杆件 1 应力变化率及修正值

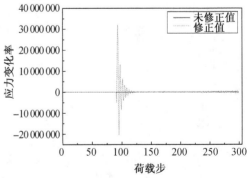

图 3 - 10　杆件 2 应力变化率及修正值

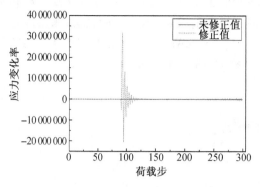

图3-11　杆件3应力变化率及修正值　　　图3-12　杆件4应力变化率及修正值

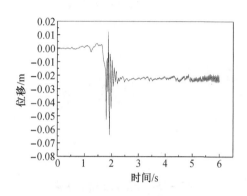

图3-13　跨中节点竖向位移曲线

3.4　地震作用下张弦桁架结构关键系数的计算

3.4.1　张弦桁架结构模型简介

下面所要分析的张弦桁架结构有三种,包括传统张弦桁架结构、新型张弦桁架结构和带X形支撑的新型张弦桁架结构。三种张弦桁架结构的跨度均为50 m,每榀张弦桁架间的间距为8 m,梁结构采用圆管钢桁架结构,桁架梁矢高5 m,索垂度2.5 m。张弦桁架材料参数见表3-3。

表3-3　张弦桁架材料参数表

截面位置	上弦杆	上弦横杆	下弦杆	腹杆	撑杆	拉索
杆件规格/mm	$\phi351 \times 16$	$\phi351 \times 16$	$\phi377 \times 16$	$\phi351 \times 16$	$\phi102 \times 5$	$\phi31 \times 7$
截面积/mm²	16 839	16 839	19 393	16 839	1 524	1 424
极限强度/MPa	345	345	345	345	345	1 860
弹性模量/MPa	2.06×10^5	2.06×10^5	2.06×10^5	2.06×10^5	2.06×10^5	1.95×10^5

其中在带 X 形支撑的新结构中 X 形支撑采用和上弦杆相同的材料,结构中所有材料密都取 7 850 g/ mm²,重力加速度为 9.8 N/kg,屋面板自重取 0.097 kN/m²,檩条采用冷弯薄壁型钢卷边槽型截面,檩条单位长度质量为 5.71 kg/m,每两撑杆间铺设 8 根檩条,经计算,上弦每节点处受力为 4 582 N。三种张弦桁架结构如图3－14 至图 3－16 所示。

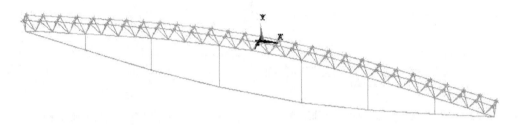

图 3－14　传统张弦桁架结构

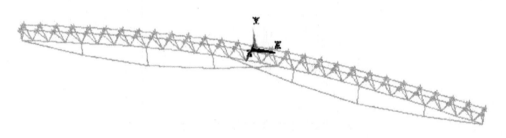

图 3－15　新型张弦桁架结构

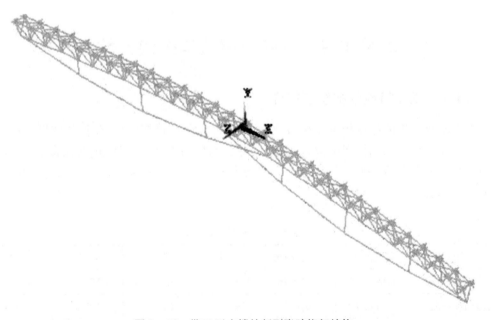

图 3－16　带 X 形支撑的新型张弦桁架结构

3.4.2 ANSYS 动力分析参数

（1）钢圆管单元一律采用 Link8 单元模拟。

（2）索单元一律采用 Link10 单元（只拉不压杆）模拟。

（3）每一荷载步间隔时间为 0.02 s，每次分析共加载 300 荷载步。

3.4.3 连接和约束

（1）桁架梁杆件间的连接方式均为铰接。

（2）桁架梁与撑杆间的连接方式为铰接。

（3）撑杆与下弦索间的连接方式为弹性连接。

（4）上弦桁架在平面外刚度无穷大，分析时对上弦桁架梁约束 Z 方向自由度。

（5）桁架梁左支座视为固定铰支，仅解除 Ry 自由度，右支座视为滑动铰支座，只施加 Y 方向自由度。

3.4.4 张弦桁架三种结构动力特性对比

为了更为直观地观察三种结构动力响应特性，将其振型与频率汇总后得到图 3 - 17。在图 3 - 17 中可以直观地看出无论是新型结构还是带 X 形支撑的新型结构，其动力响应特性曲线都与传统结构动力响应特性曲线相接近，而传统结构动力响应特性已被证明十分优良，可见新型结构和带 X 形支撑的新型结构也具有良好动力响应特性。

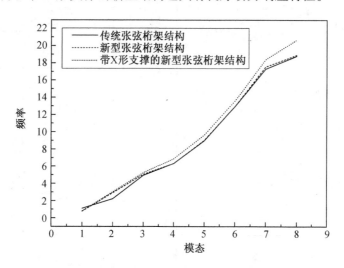

图 3 - 17　三种结构动力响应特性曲线

使用有限元分析软件得到张弦桁架结构振型对比，见表 3 - 4。

表 3 - 4　张弦桁架结构振型对比表

传统张弦桁架模型(8 阶振型)	新型张弦桁架模型(8 阶振型)
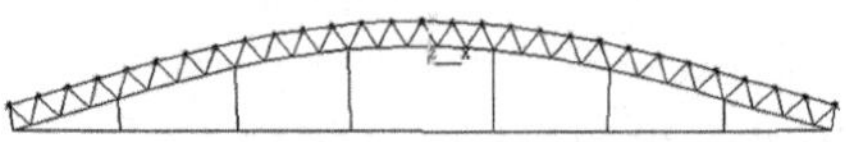	
传统张弦桁架模型(8 阶振型)	新型张弦桁架模型(8 阶振型)
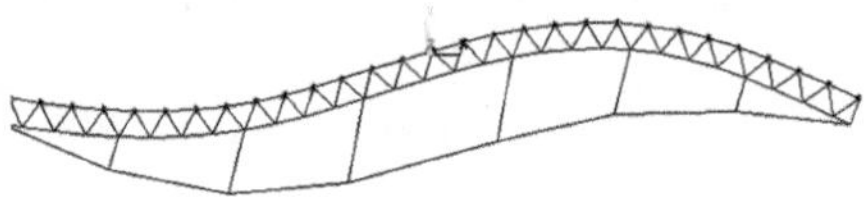	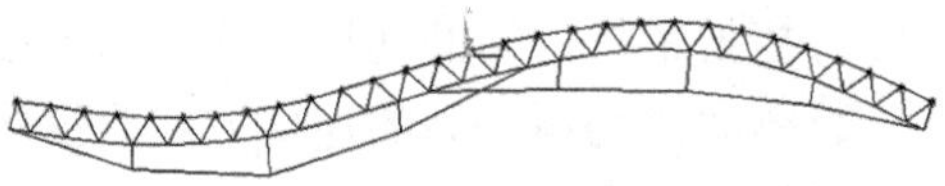
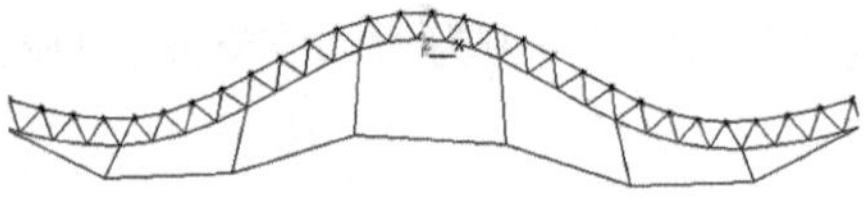	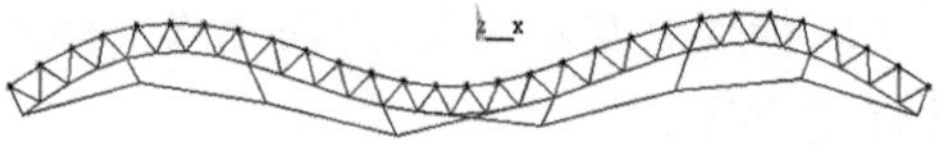
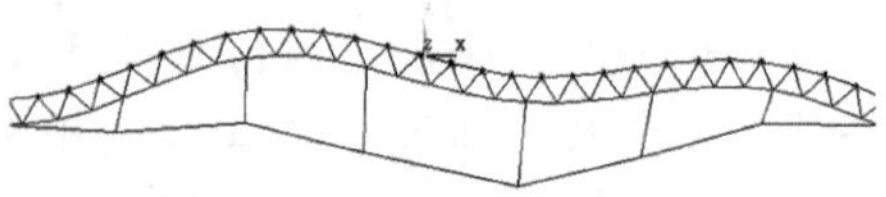	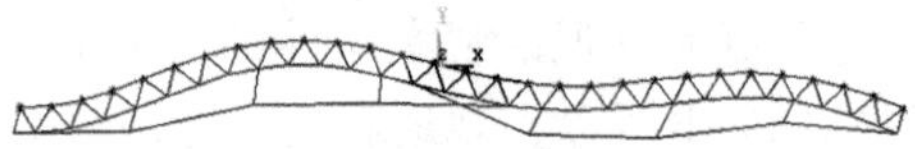
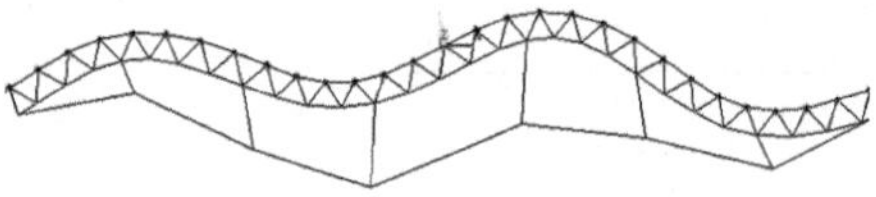	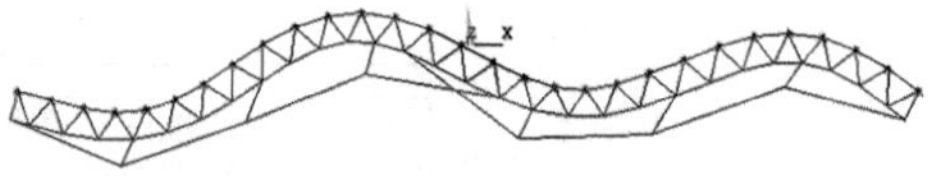
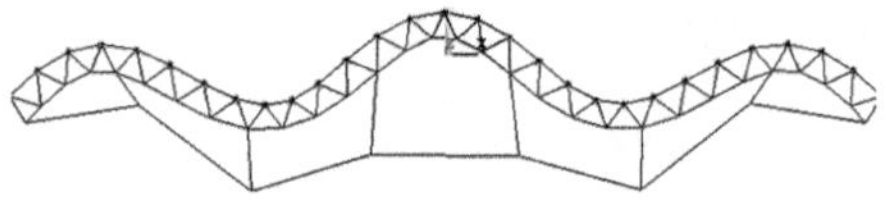	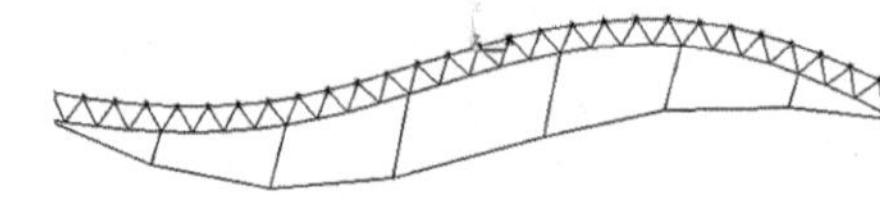
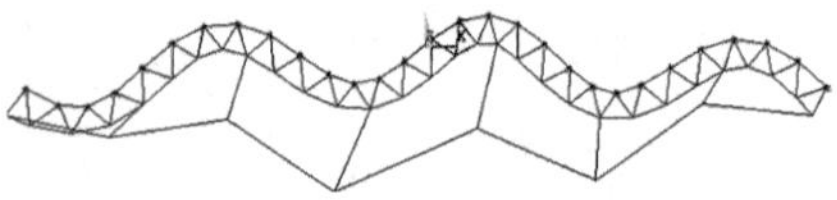	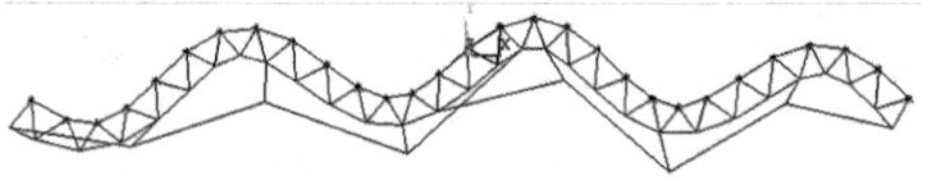
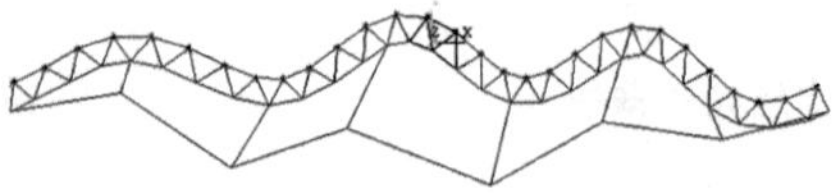	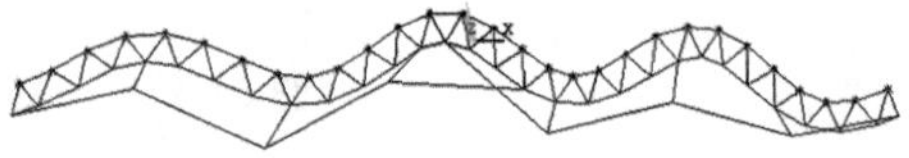

3.4.5　结构地震响应分析

下面对三种结构施加预应力后,对三种结构在地震作用下的响应进行比较。

由图 3 - 18 可知,三种计算模型中杆件 1 的应力水平初始值较接近,在地震荷载作用下,传统张弦桁架结构中杆件 1 的正应力变化幅值最大,新型张弦桁架结构在上弦施加 X

形支撑后杆件 1 正应力变化幅值降低,每一荷载步的正应力值均小于未施加 X 形支撑的新型结构,表明在地震荷载作用下,新型张弦桁架结构杆件内力最大值及变化幅值均小于传统张弦桁架结构,证明了新型张弦桁架结构具有更好的抗震性能。

由图 3-19 可知,三种计算模型中杆件 3 的应力水平初始值较接近,在地震荷载作用下,传统张弦桁架结构中杆件 1 正应力变化幅值最大,新型张弦桁架结构在上弦施加 X 形支撑后杆件 3 的正应力变化幅值降低,每一荷载步的正应力值均小于未施加 X 形支撑的新型张弦桁架结构,表明在地震荷载作用下,新型张弦桁架结构杆件内力最大值及变化幅值均小于传统张弦桁架结构,证明了新型张弦桁架结构具有更好的抗震性能。

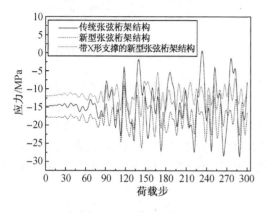

图 3-18 杆件 1 应力时程曲线

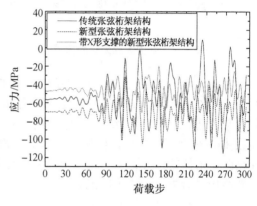

图 3-19 杆件 3 应力时程曲线

由图 3-20 可知,三种计算模型中传统张弦桁架结构与施加 X 形支撑的新型张弦桁架结构中杆件 5 的应力水平初始值较接近,在地震荷载作用下,传统张弦桁架结构中杆件 5 的正应力变化幅值最大,新型张弦桁架结构在上弦施加 X 形支撑后杆件 5 的正应力变化幅值降低,每一荷载步的正应力值均小于未施加 X 形支撑的新型张弦桁架结构,表明在地震荷载作用下,新型张弦桁架结构杆件内力最大值及变化幅值均小于传统张弦桁架结构,证明了新型张弦桁架结构具有更好的抗震性能。

由图 3-21 可知,三种计算模型中传统张弦桁架结构与施加 X 形支撑的新型张弦桁架结构中杆件 7 的应力水平初始值较接近,在地震荷载作用下,传统张弦桁架结构中杆件 7 的正应力变化幅值最大,新型张弦桁架结构在上弦施加 X 形支撑后杆件 7 的正应力变化幅值降低,每一荷载步的正应力值小于未施加 X 形支撑的新型张弦桁架结构结构,表明在地震荷载作用下,新型张弦桁架结构杆件内力最大值及变化幅值均小于传统张弦桁架结构结构,证明了新型张弦桁架结构结构具有更好的抗震性能。

由图 3-22 可知,三种计算模型中传统张弦桁架结构与施加 X 形支撑的新型张弦桁架结构结构杆件 8 的应力水平初始值较接近,在地震荷载作用下,传统张弦桁架结构中杆件 8 的正应力变化幅值最大,新型张弦桁架结构在上弦施加 X 形支撑后杆件 8 的正应力变化幅值降低,每一荷载步的正应力值均小于未施加 X 形支撑的新型张弦桁架结构,表明在地震荷载作用下,新型张弦桁架结构杆件内力最大值及变化幅值均小于传统结构,证明了新型张弦桁架结构具有更好的抗震性能。

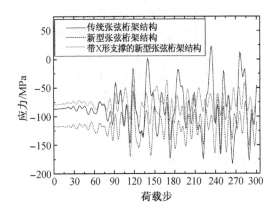

图3-20　杆件5应力时程曲线

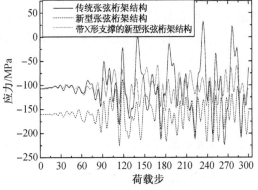

图3-21　杆件7应力时程曲线

　　由图3-23可知,三种计算模型中传统张弦桁架结构与施加X形支撑的新型结构杆件9的应力水平初始值较接近,在地震荷载作用下,传统张弦桁架结构中杆件9的正应力变化幅值最大,新型张弦桁架结构在上弦施加X形支撑后杆件9的正应力变化幅值降低,每一荷载步的正应力值均小于未施加X形支撑的新型张弦桁架结构,表明在地震荷载作用下,新型张弦桁架结构杆件内力最大值及变化幅值均小于传统张弦桁架结构,证明了新型张弦桁架结构具有更好的抗震性能。

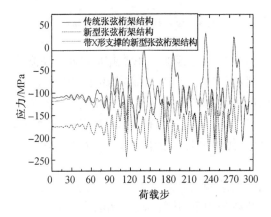

图3-22　杆件8应力时程曲线

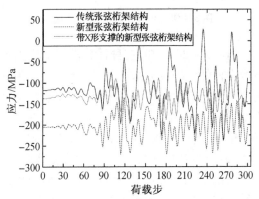

图3-23　杆件9应力时程曲线

　　由图3-24可知,三种计算模型中传统张弦桁架结构与施加X形支撑的新型张弦桁架结构杆件10的应力水平初始值较接近,在地震荷载作用下,传统张弦桁架结构中杆件10的正应力变化幅值最大,新型张弦桁架结构在上弦施加X形支撑后杆件10的正应力变化幅值降低,每一荷载步的正应力值均小于未施加X形支撑的新型张弦桁架结构,表明在地震荷载作用下,新型张弦桁架结构杆件内力最大值及变化幅值均小于传统张弦桁架结构,证明了新型张弦桁架结构具有更好的抗震性能。

　　由图3-25可知,三种计算模型中传统张弦桁架结构与施加X形支撑的新型张弦桁架结构杆件12的应力水平初始值较接近,在地震荷载作用下,传统张弦桁架结构中杆件12的正应力变化幅值最大,新型张弦桁架结构在上弦施加X形支撑后杆件12的正应力变化幅值降低,每一荷载步的正应力值均小于未施加X形支撑的新型张弦桁架结构,表明在地震荷载作用下,新型张弦桁架结构杆件内力最大值及变化幅值均小于传统张弦桁架结构,证明了新型张弦桁架结构具有更好的抗震性能。

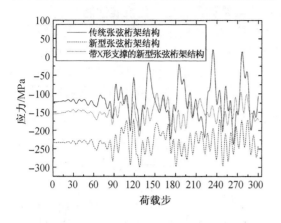
图 3 - 24　杆件 10 应力时程曲线

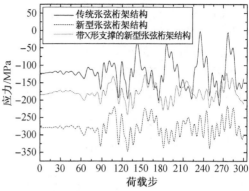
图 3 - 25　杆件 12 应力时程曲线

由图 3 - 26 可知,三种计算模型中传统张弦桁架结构与施加 X 形支撑的新型张弦桁架结构杆件 13 的应力水平初始值较接近,在地震荷载作用下,传统张弦桁架结构中杆件 13 的正应力变化幅值最大,新型张弦桁架结构在上弦施加 X 形支撑后杆件 13 的正应力变化幅值降低,每一荷载步的正应力值均小于未施加 X 形支撑的新型张弦桁架结构,表明在地震荷载作用下,新型张弦桁架结构杆件内力最大值及变化幅值均小于传统张弦桁架结构,证明了新型张弦桁架结构具有更好的抗震性能。

由图 3 - 27 可知,三种计算模型中传统张弦桁架结构与施加 X 形支撑的新型张弦桁架结构杆件 14 的应力水平初始值较接近,在地震荷载作用下,传统张弦桁架结构中杆件 14 的正应力变化幅值最大,新型张弦桁架结构在上弦施加 X 形支撑后杆件 14 的正应力变化幅值降低,每一荷载步的正应力值均小于未施加 X 形支撑的新型张弦桁架结构,表明在地震荷载作用下,新型张弦桁架结构杆件内力最大值及变化幅值均小于传统张弦桁架结构,证明了新型张弦桁架结构具有更好的抗震性能。

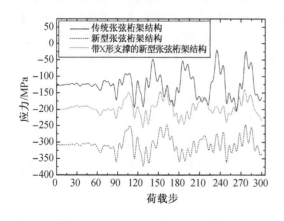
图 3 - 26　杆件 13 应力时程曲线

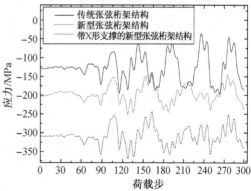
图 3 - 27　杆 14 应力时程曲线

由图 3 - 28 可知,三种计算模型中杆件 202 的应力水平初始值较接近,在地震荷载作用下,传统张弦桁架结构中杆件 202 的正应力变化幅值最大,新型张弦桁架结构在上弦施加 X 形支撑后杆件 202 的正应力变化幅值降低,每一荷载步的正应力值均小于未施加 X 形支撑的新型张弦桁架结构,表明在地震荷载作用下,新型张弦桁架结构杆件内力最大值及变化幅值均小于传统张弦桁架结构,证明了新型张弦桁架结构具有更好的抗震性能。

由图3-29可知,三种计算模型中杆件203的应力水平初始值较接近,在地震荷载作用下,传统张弦桁架结构中杆件203的正应力变化幅值最大,新型张弦桁架结构在上弦施加X形支撑后杆件203的正应力变化幅值降低,每一荷载步的正应力值均小于未施加X形支撑的新型结构,表明在地震荷载作用下,新型张弦桁架结构杆件内力最大值及变化幅值均小于传统结构,证明了新型结构具有更好的抗震性能。

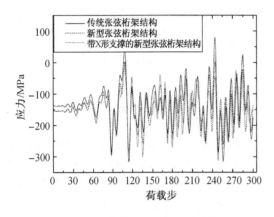

图3-28　杆件202应力时程曲线　　　　图3-29　杆件203应力时程曲线

由图3-30可知,三种计算模型中杆件204的应力水平初始值较接近,在地震荷载作用下,传统张弦桁架结构中杆件204的正应力变化幅值最大,新型张弦桁架结构在上弦施加X形支撑后杆件204的正应力变化幅值降低,每一荷载步的正应力值均小于未施加X形支撑的新型张弦桁架结构,表明在地震荷载作用下,新型张弦桁架结构杆件内力最大值及变化幅值均小于传统张弦桁架结构,证明了新型张弦桁架结构具有更好的抗震性能。

由图3-31可知,三种计算模型中杆件205的应力水平初始值较接近,在地震荷载作用下,传统张弦桁架结构中杆件205的正应力变化幅值最大,新型张弦桁架结构在上弦施加X形支撑后杆件205的正应力变化幅值降低,每一荷载步的正应力值均小于未施加X形支撑的新型张弦桁架结构,表明在地震荷载作用下,新型张弦桁架结构杆件内力最大值及变化幅值均小于传统张弦桁架结构,证明了新型张弦桁架结构具有更好的抗震性能。

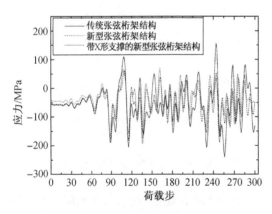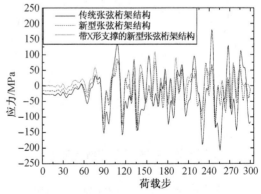

图3-30　杆件204应力时程曲线　　　　图3-31　杆件205应力时程曲线

由图 3 - 32 可知,三种计算模型中杆件 206 的应力水平初始值较接近,在地震荷载作用下,传统张弦桁架结构中杆件 206 的正应力变化幅值最大,新型张弦桁架结构在上弦施加 X 形支撑后杆件 206 的正应力变化幅值降低,每一荷载步的正应力值均小于未施加 X 形支撑的新型张弦桁架结构,表明在地震荷载作用下,新型张弦桁架结构杆件内力最大值及变化幅值均小于传统张弦桁架结构,证明了新型张弦桁架结构具有更好的抗震性能。

由图 3 - 33 可知,三种计算模型中杆件 207 的应力水平初始值较接近,在地震荷载作用下,传统张弦桁架结构中杆件 207 的正应力变化幅值最大,新型张弦桁架结构在上弦施加 X 形支撑后杆件 207 的正应力变化幅值降低,每一荷载步的正应力值均小于未施加 X 形支撑的新型张弦桁架结构,表明在地震荷载作用下,新型张弦桁架结构杆件内力最大值及变化幅值均小于传统张弦桁架结构,证明了新型张弦桁架结构具有更好的抗震性能。

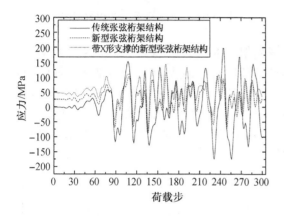

图 3 - 32　杆件 206 应力时程曲线　　　　图 3 - 33　杆件 207 应力时程曲线

由图 3 - 34 可知,三种计算模型中新型张弦桁架结构与带 X 形支撑的新型张弦桁架结构中杆件 208 的应力水平初始值较接近,在地震荷载作用下,传统张弦桁架结构中杆件 208 的正应力变化幅值最大,新型张弦桁架结构在上弦施加 X 形支撑后杆件 208 的正应力变化幅值降低,每一荷载步的正应力值小于未施加 X 形支撑的新型张弦桁架结构,表明在地震荷载作用下,新型张弦桁架结构杆件内力最大值及变化幅值均小于传统张弦桁架结构,证明了新型张弦桁架结构具有更好的抗震性能。

由图 3 - 35 可知,三种计算模型中新型张弦桁架结构与带 X 形支撑的新型张弦桁架结构中杆件 209 的应力水平初始值较接近,在地震荷载作用下,传统张弦桁架结构中杆件 209 的正应力变化幅值最大,新型张弦桁架结构在上弦施加 X 形支撑后杆件 209 的正应力变化幅值降低,每一荷载步的正应力值均小于未施加 X 形支撑的新型张弦桁架结构,表明在地震荷载作用下,新型张弦桁架结构杆件内力最大值及变化幅值均小于传统张弦桁架结构,证明了新型张弦桁架结构具有更好的抗震性能。

由图 3 - 36 可知,三种计算模型中新型张弦桁架结构与带 X 形支撑的新型张弦桁架结构中杆件 210 的应力水平初始值较接近,在地震荷载作用下,传统张弦桁架结构中杆件 210 的正应力变化幅值最大,新型张弦桁架结构在上弦施加 X 形支撑后杆件 210 的正应力变化幅值降低,每一荷载步的正应力值均小于未施加 X 形支撑的新型张弦桁架结构,表明在地震荷载作用下,新型张弦桁架结构杆件内力最大值及变化幅值均小于传统张弦桁架结构,证明了新型张弦桁架结构具有更好的抗震性能。

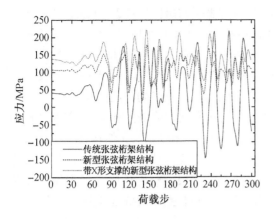

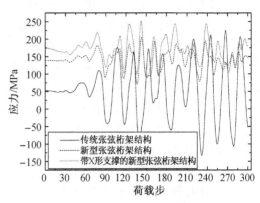

图 3-34 杆件 208 应力时程曲线　　　　图 3-35 杆件 209 应力时程曲线

由图 3-37 可知,三种计算模型中新型张弦桁架结构与带 X 形支撑的新型张弦桁架结构中杆件 211 的应力水平初始值较接近,在地震荷载作用下,传统张弦桁架结构中杆件 211 的正应力变化幅值最大,新型张弦桁架结构在上弦施加 X 形支撑后杆件 211 的正应力变化幅值降低,每一荷载步的正应力值均小于未施加 X 形支撑的新型张弦桁架结构,表明在地震荷载作用下,新型张弦桁架结构杆件内力最大值及变化幅值均小于传统张弦桁架结构,证明了新型张弦桁架结构具有更好的抗震性能。

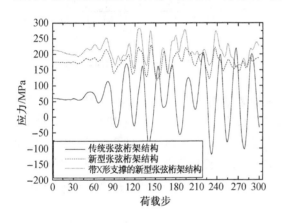

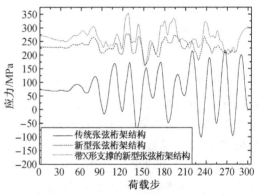

图 3-36 杆件 210 应力时程曲线　　　　图 3-37 杆件 211 应力时程曲线

由图 3-38 可知,三种计算模型中新型张弦桁架结构与带 X 形支撑的新型张弦桁架结构中杆件 212 的应力水平初始值较接近,在地震荷载作用下,传统张弦桁架结构中杆件 212 的正应力变化幅值最大,新型张弦桁架结构在上弦施加 X 形支撑后杆件 212 的正应力变化幅值降低,每一荷载步的正应力值均小于未施加 X 形支撑的新型张弦桁架结构,表明在地震荷载作用下,新型张弦桁架结构杆件内力最大值及变化幅值均小于传统张弦桁架结构,证明了新型张弦桁架结构具有更好的抗震性能。

由图 3-39 可知,三种计算模型中新型张弦桁架结构与带 X 形支撑的新型张弦桁架结构中杆件 213 的应力水平初始值较接近,在地震荷载作用下,传统张弦桁架结构中杆件 213 的正应力变化幅值最大,新型张弦桁架结构在上弦施加 X 形支撑后杆件 213 的正应力变化幅值降低,每一荷载步的正应力值均小于未施加 X 形支撑的新型张弦桁架结构,表明在地震荷载作用下,新型张弦桁架结构杆件内力最大值及变化幅值均小于传统张弦桁架结构,证明了新型张弦桁架结构具有更好的抗震性能。

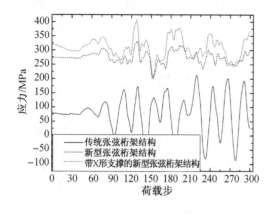

图 3-38 杆件 212 应力时程曲线

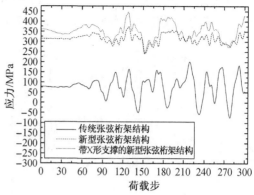

图 3-39 杆件 213 应力时程曲线

由图 3-40 可知,三种计算模型中新型张弦桁架结构与带 X 形支撑的新型张弦桁架结构中杆件 214 的应力水平初始值较接近,在地震荷载作用下,传统张弦桁架结构中杆件 214 的正应力变化幅值最大,新型张弦桁架结构在上弦施加 X 形支撑后杆件 214 的正应力变化幅值降低,每一荷载步的正应力值均小于未施加 X 形支撑的新型张弦桁架结构,表明在地震荷载作用下,新型张弦桁架结构杆件内力最大值及变化幅值均小于传统张弦桁架结构,证明了新型张弦桁架结构具有更好的抗震性能。

由图 3-41 可知,三种计算模型中新型张弦桁架结构与带 X 形支撑的新型张弦桁架结构中杆件 215 的应力水平初始值较接近,在地震荷载作用下,传统张弦桁架结构中杆件 215 的正应力变化幅值最大,新型张弦桁架结构在上弦施加 X 形支撑后杆件 215 的正应力变化幅值降低、每一荷载步的正应力值均小于未施加 X 形支撑的新型张弦桁架结构,表明在地震荷载作用下,新型张弦桁架结构杆件内力最大值及变化幅值均小于传统张弦桁架结构,证明了新型张弦桁架结构具有更好的抗震性能。

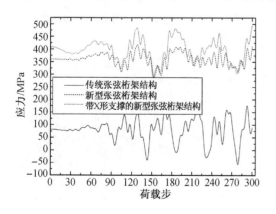

图 3-40 杆件 214 应力时程曲线

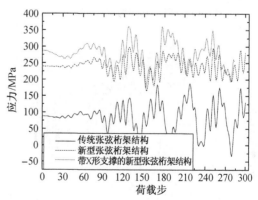

图 3-41 杆件 215 应力时程曲线

3.4.6 杆件关键系数的计算

从上述三种张弦桁架结构中选取 10 根具有典型性和代表性的杆件,分别计算出其应力变化率,其应力变化率时程曲线如图 3-42 至图 3-51 所示。

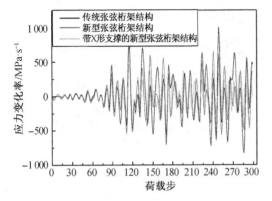

图 3-42 杆件 2 应力变化率时程曲线

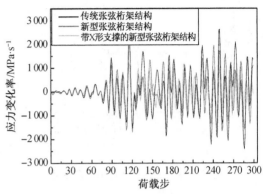

图 3-43 杆件 6 应力变化率时程曲线

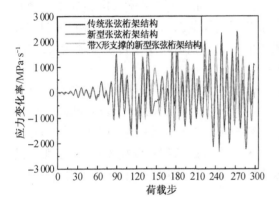

图 3-44 杆件 10 应力变化率时程曲线

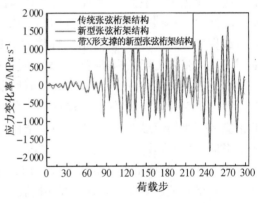

图 3-45 杆件 13 应力变化率时程曲线

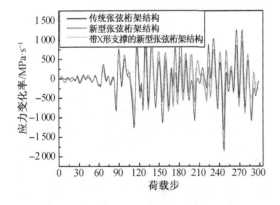

图 3-46 杆件 14 应力变化率时程曲线

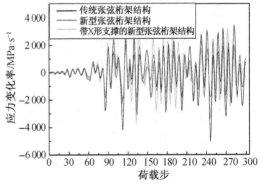

图 3-47 杆件 204 应力变化率时程曲线

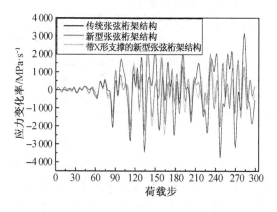

图 3-48 杆件 207 应力变化率时程曲线

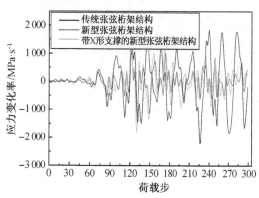

图 3-49 杆件 212 应力变化率时程曲线

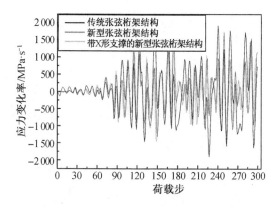

图 3-50 杆件 214 应力变化率时程曲线

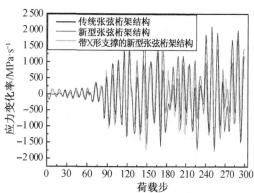

图 3-51 杆件 215 应力变化率时程曲线

从图 3-42 至图 3-51 中可以看出,应力变化率变化幅值较大的杆件为杆件 204 和杆件 207,接下来运用本书提出的关键系数法判断在地震作用下哪根杆件为关键构件。将与应力变化幅值较大的杆件相联系的杆件代入计算,见表 3-5 至表 3-7。

表 3-5 传统张弦桁架结构关键系数计算表

杆件编号	203	205	147	148	149	150	89	90	91	92	204	204
杆件峰值应力	-320.39	-272.53	-11.87	-38.89	-14.03	-33.87	-11.87	-38.89	-14.03	-33.87	-295.24	0.32
杆件编号	206	208	153	154	155	156	95	96	97	98	207	207
杆件峰值应力	-250.37	-239.34	-13.42	-25.09	-12.31	-18.40	-13.42	-25.09	-12.31	-18.40	-244.81	0.26

注:应力单位为 MPa。

表 3-6 新型张弦桁架结构关键系数计算表

杆件编号	203	205	147	148	149	150	89	90	91	92	204	204
杆件峰值应力	-451.94	-423.39	-13.01	-18.63	-14.55	-15.77	-13.01	-18.63	-14.55	-15.77	-434.91	0.42
杆件编号	206	208	153	154	155	156	95	96	97	98	207	207
杆件峰值应力	-410.26	-348.86	-1.62	-23.70	-2.26	-21.81	-1.62	-23.70	-2.261	-21.81	-381.15	0.36

注:应力单位为 MPa。

表 3 − 7　带 X 形支撑的新型张弦桁架结构关键系数计算表

杆件编号	203	205	147	148	149	150	89	90	91	92	204	204
杆件峰值应力	−455.60	−441.75	−12.87	−22.18	−13.78	−19.21	−12.87	−22.18	−13.78	−19.21	−447.01	0.43
杆件编号	206	208	153	154	155	156	95	96	97	98	207	207
杆件峰值应力	−422.63	−345.12	−2.09	−29.31	−4.10	−26.17	−2.09	−29.31	−4.10	−26.17	−385.99	0.37

注:应力单为 MPa。

　　从应力变化率时程曲线和关键系数计算表中都可以看出,杆件 204 的应力变化率幅值大于杆件 207,同样,三种结构中杆件 204 的关键系数大于杆件 207 的关键系数。根据本书提出的关键系数法含义可知,当张弦桁架结构发生倒塌破坏时,应该是杆件 204 先于杆件207 发生破坏。利用此方法,可得到每根杆件的关键系数,用以进行结构可靠性分析。

第4章 杆系结构可靠性分析的损耗因子法

4.1 损耗因子的定义

损耗因子法主要通过结构的内部损耗因子,加以耦合损耗因子辅助说明,研究结构模态失效时的规律。损耗因子是反映杆件或子系统能量损耗能力的重要参数。损耗因子主要通过损耗因子法理论和试验中对阶跃荷载作用下杆件内力变化时程曲线和节点竖向位移值的数据分析得到。采用损耗因子法分析结构杆件或子系统能量分布,主要是确定损耗因子(包括内部损耗因子和耦合损耗因子)。

4.1.1 内部损耗因子

内部损耗因子(internal loss factor)是在杆件或子系统 i 上施加荷载和耗能能力参数。在阶跃荷载作用下,子系统内部损耗因子的计算方法如下。

$$\eta_i = \sum_{k=1}^{K} \nu_{sik} \cdot V_{ik} \Big/ \sum_{n=1}^{N} m_{in} g h_{in} \tag{4-1}$$

式中　η_i——子系统 i 的内部损耗因子;

　　　ν_{sik}——子系统 i 中杆件 k 的应变能密度;

　　　V_{ik}——子系统 i 杆件 k 的体积;

　　　m_{in}——子系统 i 节点 n 所施加的外载质量;

　　　h_{in}——子系统 i 节点 n 的竖向位移值。

式(4-1)中分子为子系统 i 在阶跃荷载作用下所吸收的应变能,分母为子系统 i 节点外载所做的功,可见内部损耗因子不仅仅是由本身所吸收应变能所决定的,还与其整体稳定程度有关,这体现在子系统 i 节点竖向位移上。并且子系统稳定程度越差,在阶跃荷载作用下,节点竖向位移就越大,那么子系统 i 的内部损耗因子就越小;反之,在阶跃荷载作用下,子系统 i 吸收的应变能越多,子系统 i 的内部损耗因子越大。

4.1.2 耦合损耗因子

耦合损耗因子(coupling loss factor)是建立在两个耦合子系统 i 和 j 基础上,表示在系统 j 上外载做功时系统 i 的耗能能力参数。耦合子系统的定义是两子系统间存在公用节点。耦合损耗因子的计算方法为

$$\eta_{ij} = \sum_{k=1}^{K} \nu_{sik} \cdot V_{ik} \Big/ \sum_{n=1}^{N} m_{jn} g h_{jn} \tag{4-2}$$

式中 η_{ij}——子系统 i 相对于子系统 j 的耦合损耗因子；

       m_{jn}——子系统 j 节点 n 所施加的外载质量；

       h_{jn}——子系统 j 节点 n 的竖向位移值。

式(4-2)中分子依然是子系统 i 节点外载所做的功,而分母是子系统 j 所吸收应变能,所以耦合损耗因子主要体现了子系统间的能量传递能力。

内部损耗因子是子系统能量损耗能力和相对稳定程度的综合特征值,耦合损耗因子是结构耦合子系统间能量传递能力参数。一个子系统在整个加载破坏过程中的能量损耗包括自身能量损耗和能量向外传递两种形式,所以内部损耗因子和耦合损耗因子足以说明结构子系统间能量分布特征。

4.2   结构 *IC* 矩阵的确定

在确定内部损耗因子和耦合损耗因子之后,即可用如下结构 *IC* 矩阵来具体反映结构的能量分布特征。

$$
\begin{vmatrix}
\eta_1 - \sum_{\substack{i=1 \\ i \neq 1}}^{N} \eta_{i1} & \eta_{12} & \cdots & \eta_{1N} \\
\eta_{21} & \eta_2 - \sum_{\substack{i=1 \\ i \neq 1}}^{N} \eta_{i2} & \cdots & \eta_{2N} \\
\vdots & \vdots & & \vdots \\
\eta_{N1} & \cdots & \cdots & \eta_N - \sum_{\substack{i=1 \\ i \neq 1}}^{N} \eta_{iN}
\end{vmatrix} \tag{4-3}
$$

结构 *IC* 矩阵通过对子系统的内部损耗因子和耦合损耗因子的组合,将整个结构能量分布用损耗因子的形式表达出来。相对于传统意义中的能量法,损耗因子法具有广泛性及更强的适应性,适用于各类杆系结构,不需要对研究结构进行复杂受力分析。

4.3   结构能量方程式

结构能量方程式如下式所示。

$$
\begin{vmatrix}
\eta_1 - \sum_{\substack{i=1 \\ i \neq 1}}^{N} \eta_{i1} & \eta_{12} & \cdots & \eta_{1N} \\
\eta_{21} & \eta_2 - \sum_{\substack{i=1 \\ i \neq 1}}^{N} \eta_{i2} & \cdots & \eta_{2N} \\
\vdots & \vdots & & \vdots \\
\eta_{N1} & \cdots & \cdots & \eta_N - \sum_{\substack{i=1 \\ i \neq 1}}^{N} \eta_{iN}
\end{vmatrix} \cdot
\begin{vmatrix}
W_1 \\
W_2 \\
\vdots \\
W_N
\end{vmatrix} =
\begin{vmatrix}
V_{S1} \\
V_{S2} \\
\vdots \\
V_{SN}
\end{vmatrix} \tag{4-4}
$$

外界向结构输入能量,结构为达到自平衡状态,通过内部协调,将能量分配给各子系统,那么结构内部协调结果可用结构能量方程公式来表示。

由式(4-3)对 **IC** 矩阵的定义可列出结构能量方程式,即子系统 i 节点荷载做功为

$$W_i = \sum_{n=1}^{N} mgh \tag{4-5}$$

子系统 i 在阶跃荷载作用下吸收应变能为

$$V_{si} = \sum_{k=1}^{K} E \cdot [(\varepsilon_{ik}^{L+1})^2 - (\varepsilon_{ik}^{L})^2] \cdot V_{ik}/2 \tag{4-6}$$

式中 E——杆件弹性模量,取 200 GPa;

ε_{ik}^{L+1}——子系统 i 杆件 k 在第 $(L+1)$ 次荷载作用下的应变值;

ε_{ik}^{L+1}——子系统 i 杆件 k 在第 L 次荷载作用下的应变值。

式(4-4)给出的能量方程式表明,结构子系统的损耗因子 η 及子系统上外载做功 W_i 决定了结构能量分布,那么在对 η 及 W_i 决定做出某种符合力学原理的假设时,式(4-4)将会有不同的改变。

当 $\eta_{ij} = \eta_{ji}, W_1 = W_2 = \cdots = W_N$ 时可得

$$\eta_{N1} \cdot W_1 + \cdots + \eta_{Ni} \cdot W_i + \cdots + (\eta_N - \sum_{\substack{i=1 \\ i \neq 1}}^{N} \eta_{iN}) \cdot W_N = V_{si}$$

$$\Rightarrow \eta_{N1} \cdot W_1 + \cdots + \eta_{Ni} \cdot W_i + \eta_N \cdot W_N - \eta_{iN} \cdot W_N - \cdots \eta_{1N} \cdot W_N = V_{sN}$$

$$\Rightarrow \eta_N \cdot W_N = V_{sN}$$

在这种假设情况下,结构的能量分布形式与子系统的内部损耗因子和耦合损耗因子无关,那么式(4-4)可演变为

$$\begin{vmatrix} \eta_1 & & & \\ & \eta_2 & & \\ & & \ddots & \\ & & & \eta_N \end{vmatrix} \cdot \begin{vmatrix} W_1 \\ W_2 \\ \vdots \\ W_N \end{vmatrix} = \begin{vmatrix} V_{S1} \\ V_{S2} \\ \vdots \\ V_{SN} \end{vmatrix} \tag{4-7}$$

式(4-7)表明结构杆件的能量分布只与子系统内部损耗因子有关。当结构的子系统划分无法满足假设时,就要考虑子系统的耦合损耗因子。若要得到耦合损耗因子,不管是通过试验或理论推导都很困难,所以要通过式(4-4)计算各子系统内部损耗因子和耦合损耗因子的组合,然后得到结构失效时的损耗因子变化规律。

4.4 弦支穹顶结构破坏性模型试验及分析

4.4.1 系统划分

1. 系统划分的充分性

弦支结构由于其本身的撑杆连接上弦穹顶及拉索,因此多为对称结构。对称结构在对称荷载作用下,某些规格尺寸相同的杆件在几何图形上对称,为了研究分析的方便,可以将杆件归类,即划分子系统。

2. 系统划分的必要性

弦支穹顶结构以杆件为主,若每根杆件都列入研究范围,不仅研究过程复杂,而且分析结果会太冗杂。将结构系统化,更有利于结构能量分布规律的研究。

4.4.2 系统划分的原则

原则一是结构几何边界条件,即在外载对称的情况下,要符合结构上的对称条件;原则二是在结构外载的传力路径上,杆件所承担的力学角色一样。在这两个原则的约束下,对结构进行系统划分,具有可靠性和逻辑性。

4.4.3 模型的系统划分

试验中弦支穹顶结构属于中心对称形态,对该结构的测量只需对其中对称单元进行测量分析即可。因此,本书通过对该对称单元中两个子单元进行应变测量,来对结构模型进行分析。如图 4-1 所示,试验中拉索方向为⑮—⑱方向,试验中测量的杆件编号为⑱号,⑥号,⑪号,⑤号,⑰号,⑩号,④号,⑯号,分别对应的动态应变测量的通道号为 $B1$, $B4$, $B3$, $B2$, $A1$, $A2$, $A3$, $A4$。

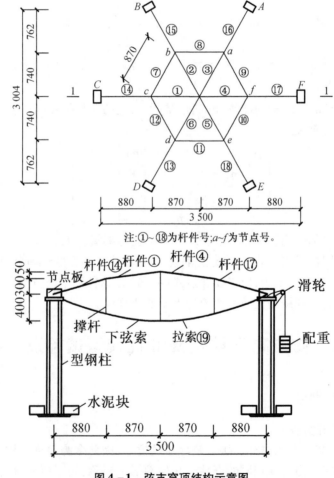

注:①~⑱为杆件号;*a~f* 为节点号。

图 4-1　弦支穹顶结构示意图
(a)平面图;(b)1—1 剖面图

方法 A 着重于上弦穹顶的几何边界条件和对称性,将其划分为三个子系统,而结构下弦高强度拉索(单索)单独看作一个子系统,所以图4-1中杆件①~⑥为子系统Ⅰ,杆件⑦~⑫为子系统Ⅱ,杆件⑬~⑱为子系统Ⅲ,拉索⑲为子系统Ⅳ。

方法B在方法A的基础上,又强调了结构杆件的力学传递路径,即将单索看作上弦穹顶的对称轴,所以图4-1中杆件①和④为子系统Ⅰ,杆件②③⑤⑥为子系统Ⅱ,杆件⑦⑨⑩⑫为子系统Ⅲ,杆件⑧⑪为子系统Ⅳ,杆件⑬⑯为子系统Ⅴ,杆件⑭⑮⑰⑱为子系统Ⅵ,拉索⑲为子系统Ⅶ。

4.4.4 算例荷载工况

为提高结构极限承载力,在拉索⑲一侧即支座 f 处设7级荷载(7×5.1 kg)缓和配重,网壳结构的承载形式一般是节点受力。

加载情况下结构受弯受扭严重,导致结构局部失稳带动整体失稳,发生承载力下降情况,采取对称加载方式,在节点 a、b、c、d、e、f 处同时加载,从试验开始到结构破坏,每个节点施加六级荷载(5.1 kg,2.55 kg,2.55 kg,2.55 kg,2.55 kg,2.55 kg),在施加最后一级荷载2.55 kg之后,结构倒塌,所以结构的承载力是所有节点施加荷载的总和。本次试验表明,该结构模型的承载力为91.8 kg,最后一次加载 6×2.55 kg,结构发生整体性倒塌破坏。

4.4.5 试验结果

试验前分别在编号为①⑤⑥⑪⑫⑬⑰⑱的杆件中部粘贴应变片,然后在节点处同时加载,读出加载后杆件应变和节点挠度值,直至结构发生倒塌破坏。试验应变数据及节点挠度数据如下。

1.结构节点挠度数据

试验1:拉索一侧配重为5级,每级配重为5.1 kg,加载方式是在周围六个节点同时加载,施加第一级荷载5.1 kg,节点有较小竖向位移;施加第二级荷载5.1 kg,结构的节点有较大竖向位移,较不稳定;施加第三级荷载2.55 kg之后,结构出现较大竖向位移;施加第四级荷载1.275 kg之后结构被破坏,节点挠度见表4-1。

表4-1 试验1节点挠度

	1	2	3	4	5	6	中间支座	重物5级
初始值	4.23	4.25	5.92	9.09	3.72	7.79	10.99	6.62
5.1	3.95	3.9	5.62	8.81	3.49	7.51	10.68	6.64
5.1	3.3	3.18	5.13	7.49	3.12	7.04	10.11	6.68
2.55	1.1	负0.5	3.52	7.35	2.12	5.62	8.29	6.78
1.275	坏	坏	坏	坏	坏	坏	坏	坏
降幅	3.13		2.4	1.74	1.6	2.17	2.7	+0.16

注:(1)挠度数据单位为cm;(2)配重单位为kg。

试验2:拉索一侧配重为7级(每级5.1 kg),在周围六个节点加载,施加四级荷载之后结构被破坏。拉索一侧配重为7级,每级配重为5.1 kg,加载方式是在周围六个节点同时加载,施加第一级荷载5.1 kg,节点有较小竖向位移;施加第二级荷载5.1 kg,结构的节点位移较小;施加第三级荷载5.1 kg之后,节点有较大竖向位移;施加第四级荷载2.55 kg之后结构出现整体失稳,上弦穹顶出现突然性倒塌,拉索一侧配重能提高结构极限承载力。与5级配重相比,本次试验结构模型承载力有所提高,节点挠度见表4-2。

表4-2 试验2节点挠度

	1	2	3	4	5	6	中间支座	重物7级
初始值	5.38	7.26	6.31	9.75	5.41	10.33	11.7	0.42
5.1	5.18	7.09	6.12	9.52	5.22	10.2	11.5	0.48
5.1	4.91	6.81	5.82	9.25	4.98	9.92	11.2	0.62
5.1	4.13	6.21	4.92	7.95	4.05	9.12	10.3	1.26
2.55	坏	坏	坏	坏	坏	坏	坏	坏
降幅	1.25	1.05	1.39	1.8	1.36	1.21	1.4	+0.84

注:(1)挠度数据单位为 cm;(2)配重单位为 kg。

试验3:拉索一侧配重为7级(每级5.1 kg),在周围六个节点加载,施加三级荷载之后结构被破坏,节点挠度见表4-3。

表4-3 试验3节点挠度

	1	2	3	4	5	6	中间支座	重物7级
初始值	5.48	5.42	7.4	9.33	4.23	9.59	9.85	2.06
5.1	5.2	5.2	7.12	9.1	3.99	9.58	9.58	2.14
5.1	4.7	4.81	6.61	8.78	3.66	9.2	9.2	2.22
2.55	坏	坏	坏	坏	坏	坏	坏	坏
降幅	0.78	0.61	0.79	0.55	0.57	0.39	0.65	+0.16

注:(1)挠度数据单位为 cm;(2)配重单位为 kg。

试验4:拉索一侧配重为7级(每级5.1 kg),在周围六个节点加载,施加三级荷载之后结构被破坏,节点挠度见表4-4。

表4-4 试验4节点挠度

	1	2	3	4	5	6	中间支座	重物7级
初始值	4.9	5.98	7.81	12.9	6.3	8.11	9.75	0.76
5.1	4.62	5.63	7.12	12.6	6.1	7.86	9.45	0.78
5.1	4	5.15	6.35	12.2	5.78	7.46	8.9	0.99
2.55	坏	坏	坏	坏	坏	坏	坏	坏
降幅	0.9	0.83	1.46	0.7	0.52	0.65	0.85	+0.23

注:(1)挠度数据单位为 cm;(2)配重单位为 kg。

试验5:拉索一侧配重为5级(每级5.1 kg),在周围六个节点加载,施加三级荷载之后结构被破坏,节点挠度见表4-5。

表4-5　试验5节点挠度

	1	2	3	4	5	6	中间支座	重物5级
初始值	5.59	8.4	0.79	10.61	3.42	4.26	11.2	8.9
5.1	5.39	8.18	0.46	10.21	3.04	4.04	10.91	8.93
5.1	5.09	7.94	超	8.51	2.5	3.5	10.19	8.97
2.55	坏	坏	坏	坏	坏	坏	坏	坏
降幅	0.5	0.46		2.1	0.92	0.76	1.01	+0.07

注:(1)挠度数据单位为cm;(2)配重单位为kg。

试验6:拉索一侧配重为5级(每级5.1 kg),在周围六个节点加载,施加四级荷载之后结构被破坏,节点挠度见表4-6。

表4-6　试验6节点挠度

	1	2	3	4	5	6	中间支座	重物5级
初始值	6.05	6.51	4.24	9.85	5.6	6.61	11.5	8.68
5.1	5.7	6.25	3.9	9.55	5.25	6.31	11.18	8.7
2.55	5.4	6	3.61	9.28	4.9	5.9	10.8	8.7
2.55	4.91	5.52	3.1	8.72	4.3	5.48	10.2	8.71
2.55	坏	坏	坏	坏	坏	坏	坏	坏
降幅	1.14	0.99	1.14	1.13	1.3	1.13	1.3	+0.03

注:(1)挠度数据单位为cm;(2)配重单位为kg。

2. 杆件应变数据

试验前在结构上弦穹顶的杆件群中的代表性杆件①⑤⑥⑫⑪⑬⑰⑱的中部粘贴应变片,应变记录的时间间隔是0.05 s,通过观察每根杆件的应变变化,可以得知加载瞬间的应变变化幅度。

试验1:拉索一侧配重为5级(每级5.1 kg),在周围六个节点加载,施加四级荷载(5.1 kg,5.1 kg,2.55 kg,1.275 kg)之后结构发生倒塌破坏,杆件应变见表4-7。

表4-7　试验1杆件应变

A1	A2	A3	A4	试验荷载/kg
0.258 536 096	1.686 104 972	0.120 837 523	1.039 764 733	0
2.584 563 328	-11.863 435 41	-5.396 455 307	25.440 017 64	5.1
-58.235 051 97	-34.479 021 7	-3.392 598 139	91.236 715 07	5.1
-161.751 755 2	-153.273 991 5	94.617 847 67	90.063 363 24	2.55
-29.603 281 4	106.615 022 5	39.469 080 13	54.551 430 75	1.275

表4-7(续)

B1	B2	B3	B4	试验荷载/kg
2.267 811 179	1.537 165 7	0.042 152 624	0.418 716 068	0
4.614 177 3	-18.268 764 34	-3.051 85	-3.052 592 904	5.1
-10.447 259 61	-42.456 444 8	-24.193 910 97	-15.340 716 49	5.1
-52.260 397 93	-88.818 756 95	-53.043 379 67	-47.097 737 57	2.55
-6.242 746 856	287.314 631 4	47.755 756 87	-125.120 014 8	1.275

试验2:拉索一侧配重为7级(每级5.1 kg),在周围六个节点同时加载,施加四级荷载(5.1 kg,5.1 kg,5.1 kg,2.55 kg)之后结构发生倒塌破坏,杆件应变见表4-8。

表4-8 试验2杆件应变

A1	A2	A4	A4	试验荷载/kg
2.953 372 183	0.068 645 775	1.863 700 704	0.109 063 38	0
0.903 499 001	-10.816 756 33	-7.485 934 313	11.629 132 6	5.1
1.176 565 267	-29.710 271 46	-27.929 821 68	27.071 412 39	5.1
-54.232 866 07	-52.393 953 82	-59.089 345 05	76.111 255 66	5.1
31.200 505 46	0.348 566 604	-10.540 255 84	-24.026 008 65	2.55
B1	B2	B3	B4	试验荷载/kg
2.906 859 859	1.762 015 141	0.004 490 845	1.855 681 338	0
8.215 602 63	-1.420 084 543	-5.828 935 37	0.156 307 43	5.1
1.369 294 366	-16.936 307 31	-10.137 551 71	-0.654 667 101	5.1
-34.094 665 82	-22.334 137 43	-46.543 236 95	-12.272 421 09	5.1
-92.159 446 54	-11.733 352 23	-3.678 074 801	70.463 456 05	2.55

试验3:拉索一侧配重为7级(每级5.1 kg),在周围六个节点同时加载,施加三级荷载(5.1 kg,5.1 kg,2.55 kg)之后结构发生倒塌破坏。比较八个通道的应变变化,可以发现有些杆件是类似杆件,受力相似,这也是将结构划分为若干子系统的一些依据。当结构被破坏时,应变会突增,而在被破坏之前的应变变化幅度较小,且随着结构节点的荷载累积,应变绝对值的增长幅度也随之增加,通过应变值可得杆件的应变能,杆件应变见表4-9。

表4-9 试验3杆件应变

A1	A2	A3	A4	试验荷载/kg
0.426 250 359	1.484 753 09	0.933 419 905	0.876 434 563	0
-0.194 199 809	-12.051 069 15	-4.58 020 249 8	10.591 657 59	5.1
10.122 307 62	-23.313 880 02	-22.411 670 81	26.708 774 25	5.1
36.684 542 96	-6.044 184 347	-56.999 111 84	12.142 954 06	2.55

表4-9(续)

B1	B2	B3	B4	试验荷载/kg
2.648 108 851	2.693 982 051	2.162 308 809	0.046 443 054	0
-11.436 426 76	-11.511 193 68	-5.353 117 738	-3.080 008 972	5.1
-15.559 503 63	-3.122 199 204	-11.936 156 68	-11.328 397 58	5.1
-155.704 257 8	27.625 837 96	-114.604 296 9	-102.155 303	2.55

试验4:拉索一侧配重为7级(每级5.1 kg),在周围六个节点同时加载,施加三级荷载(5.1 kg,5.1 kg,2.55 kg)之后结构发生倒塌破坏,杆件应变见表4-10。

表4-10 试验4杆件应变

A1	A2	A3	A4	试验荷载/kg
2.370 432 632	1.709 635 872	2.974 991 37	2.732 230 574	0
13.870 821 8	-6.327 412 592	-21.600 133 81	18.406 620 53	5.1
-10.167 232 36	-10.025 227 36	-74.659 429 75	42.714 986 53	5.1
-4.937 633 039	-26.441 545 93	-171.302 314 6	18.341 008 47	2.55
B1	B2	B3	B4	试验荷载/kg
3.034 978 593	2.879 386 732	0.382 418 55	0.382 418 55	0
-5.961 395 715	2.633 911 29	-11.565 748 7	0.603 190 685	5.1
-18.199 354 11	13.408 981 91	-30.331 130 44	2.451 059 045	5.1
2.603 362 638	-46.105 232 37	0.308 957 989	2.043 821 169	2.55

试验5:拉索一侧配重为5级,在周围六个节点加载,施加三级荷载之后,杆件应变见表4-11。

表4-11 试验5杆件应变

A1	A2	A3	A4	试验荷载/kg
1.342 569 212	0.922 192 527	0.002 824 479	1.628 312 379	0
1.648 855 23	-3.214 533 788	-11.635 356 51	11.209 279 92	5.1
4.206 504 21	-27.783 132 95	-16.237 813 38	48.323 507 82	5.1
10.234 049 69	-153.483 296 5	-47.859 319 99	97.748 715 06	2.55
B1	B2	B3	B4	试验荷载/kg
0.062 138 547	0.270 679 277	0	3.009 953 555	0
2.193 580 895	-11.924 028 49	-6.531 815 23	-5.263 778 691	5.1
-15.94 514 886	-7.744 351 574	-21.736 898 85	-33.631 109 67	5.1
-207.598 383 8	23.626 405 67	-110.531 629 4	-120.907 809 9	2.55

试验6:拉索一侧配重为5级(每级5.1 kg),在周围六个节点加载,施加三级荷载之后,结构被破坏,杆件应变见表4-12。

表4-12　试验6杆件应变

A1	A2	A3	A4	试验荷载/kg
1.458 123 509	0.453 471 401	0.061 381 488	0.391 463 571	0
1.7147 721 05	-11.260 134 84	-12.125 263 29	15.875 277 33	5.1
3.044 155 452	-15.277 524 6	-16.217 222 24	24.674 500 99	2.55
-6.373 950 216	-36.351 300 64	-34.763 415 83	15.265 182 34	2.55
-19.655 105 27	54.609 678 89	-23.604 058 47	38.231 187 51	2.55
B1	B2	B3	B4	试验荷载/kg
2.769 369 887	0.055 118 071	0.330 395 254	2.917 186 532	0
-4.565 993 095	-18.476 723 43	-3.065 988 286	-12.207 4	5.1
-24.624 486 43	-42.159 398 92	-15.266 944 57	-30.515 624 54	2.55
-42.924 972 35	-73.052 608 26	-33.570 36	-54.947 162 08	2.55
-46.434 273 64	-114.394 977 3	-72.939 894 15	109.939 14	2.55

试验1:拉索一侧配重为5级,每级配重为5.1 kg,加载方式是在周围六个节点同时加载,施加第一级荷载5.1 kg后,节点有较小竖向位移;施加第二级荷载5.1 kg后,结构的节点有较大竖向位移,较不稳定;施加第三级荷载2.55 kg后,结构出现很大竖向位移;施加第四级荷载1.275 kg后结构被破坏。配重上升高度为0.16 cm。

试验5:拉索一侧配重为5级(每级5.1 kg),在周围六个节点加载,施加三级荷载分别为5.1 kg,5.1 kg,2.55 kg,之后结构被破坏。中间支座竖向挠度为0.07 cm。

试验6:拉索一侧配重为5级(每级5.1 kg),在周围六个节点加载,施加四级级荷载分别为5.1 kg,2.55 kg,2.55 kg,2.55 kg,之后结构被破坏。配重上升高度为0.03 cm。

以上试验均是在拉索一侧配重为5级荷载情况下进行的,而配重上升高度却不一致,尤其是试验5和试验6的配重上升高度分别为0.07 cm和0.03 cm。

试验2:拉索一侧配重为7级(每级5.1 kg),在周围六个节点加载,施加四级荷载之后,结构被破坏。加载方式是在周围六个节点同时加载;施加第一级荷载5.1 kg后,节点有较小竖向位移;施加第二级荷载5.1 kg后,结构的节点位移较小;施加第三级荷载5.1 kg后,节点有较大竖向位移;施加第四级荷载2.55 kg后结构出现整体失稳,上弦穹顶出现突然性倒塌。配重上升高度为0.84 cm。

试验3:拉索一侧配重为7级(每级5.1kg),在周围六个节点加载,施加三级荷载,分别为5.1 kg,5.1 kg和2.55 kg,之后结构被破坏。配重上升高度为0.16 cm。

试验4:拉索一侧配重为7级(每级5.1 kg),在周围六个节点加载,施加三级荷载,分别为5.1 kg,5.1 kg和2.55 kg,之后结构被破坏。配重上升高度为0.23 cm。

以上试验均是在拉索一侧配重为7级荷载情况下进行的,而配重上升高度却不相同,尤其是试验2的配重上升高度为0.84 cm。在拉索配重等级为5级和7级两种情况下进行的试验,配重等级是拉索做功多少的一个影响因素,并且配重等级越大,拉索做功越多。

4.5　能量法应用案例分析

试验模型沿杆件⑬—⑯为拉索位置,拉索一侧即支座 6 处是 7 级(7×5.1 kg)配重,在环向节点 a、b、c、d、e 和 f 处同时加载,从试验开始到结构被破坏,每个节点施加六级荷载(0 kg,5.1 kg,2.55 kg,2.55 kg,2.55 kg,2.55 kg,2.55 kg),施加最后一级荷载2.55 kg之后,结构倒塌。所以结构的承载力是所有节点施加荷载的总和。本次试验表明,该结构模型的承载力为91.8 kg,最后一次加载 6×2.55 kg,结构发生整体性倒塌破坏,如图 4 - 2 和图 4 - 3 所示。

图 4 - 2　试验前结构图　　　　　　　图 4 - 3　结构破坏图

4.5.1　损耗因子法分析(方法 A)

1. 内部损耗因子数据处理

初始状态到第一次平衡(加载第一次),外载做功为

$$W = \sum_{n=1}^{N} m_{in} g h_{in} = 5.1 \times 9.8 \times 1.11 \times 10^{-2} = 0.555 \text{ N} \cdot \text{m} \tag{4-8}$$

子系统Ⅳ所吸收的能量反映在配重上升高度,则

$$W_4 = 7 \times 5.1 \times 9.8 \times 0.06 \times 10^{-2} = 0.210 \text{ N} \cdot \text{m} \tag{4-9}$$

若将节点外载做的功除去子系统Ⅳ(索道)所吸收的能量平均分配到三个子系统Ⅰ、Ⅱ、Ⅲ上,则

$$W_i = \sum_{n=1}^{N} m_{in} g h_{in} / 3 = \frac{W - W_4}{3} = 0.115 \text{ N} \cdot \text{m} \tag{4-10}$$

由式(4 - 1)得

$$V_{sik} = n \cdot \nu_{sik} \cdot V_{ik} = \begin{vmatrix} 313.181 \times 10^{-5} \\ 253.768 \times 10^{-5} \\ 111.965 \times 10^{-5} \\ 0.210 \end{vmatrix} \tag{4-11}$$

然后

$$\begin{vmatrix} \eta_1 & & & \\ & \eta_2 & & \\ & & \eta_3 & \\ & & & 1 \end{vmatrix} \begin{vmatrix} 0.115 \\ 0.115 \\ 0.115 \\ 0.210 \end{vmatrix} = \begin{vmatrix} 313.181 \times 10^{-5} \\ 253.768 \times 10^{-5} \\ 111.965 \times 10^{-5} \\ 0.210 \end{vmatrix} \qquad (4-12)$$

所以得

$$\eta_1 = 2.723 \times 10^{-2} \quad \eta_2 = 2.207 \times 10^{-2} \quad \eta_3 = 9.736 \times 10^{-3}$$

第一次平衡到第二次平衡(加载第二次),外载做功为

$$W = \sum_{n=1}^{N} m_{in} g h_{in} = 2 \times 5.1 \times 9.8 \times 1.64 \times 10^{-2} = 1.639 \text{ N} \cdot \text{m} \qquad (4-13)$$

子系统Ⅳ所吸收的能量反映在配重上升高度,所以

$$W_4 = 7 \times 5.1 \times 9.8 \times 0.14 \times 10^{-2} = 0.490 \text{ N} \cdot \text{m} \qquad (4-14)$$

若将节点外载做的功平均分配到三个子系统Ⅰ、Ⅱ、Ⅲ上,则

$$W_i = \sum_{n=1}^{N} m_{in} g h_{in}/3 = \frac{W - W_4}{3} = 0.383 \text{ N} \cdot \text{m} \qquad (4-15)$$

$$V_{sik} = n \cdot \nu_{sik} \cdot V_{ik} = \begin{vmatrix} 1\,384.099 \times 10^{-5} \\ 1\,660.799 \times 10^{-5} \\ 1\,542.196 \times 10^{-5} \\ 0.490 \end{vmatrix} \qquad (4-16)$$

然后

$$\begin{vmatrix} \eta_1 & & & \\ & \eta_2 & & \\ & & \eta_3 & \\ & & & 1 \end{vmatrix} \begin{vmatrix} 0.383 \\ 0.383 \\ 0.383 \\ 0.490 \end{vmatrix} = \begin{vmatrix} 1\,384.099 \times 10^{-5} \\ 1\,660.799 \times 10^{-5} \\ 1542.196 \times 10^{-5} \\ 0.490 \end{vmatrix} \qquad (4-17)$$

所以得

$$\eta_1 = 3.614 \times 10^{-2} \quad \eta_2 = 4.336 \times 10^{-2} \quad \eta_3 = 4.027 \times 10^{-2}$$

第二次平衡到第三次平衡(加载第三次),外载做功为

$$W = \sum_{n=1}^{N} m_{in} g h_{in} = 3 \times 5.1 \times 9.8 \times 5.31 \times 10^{-2} = 7.962 \text{ N} \cdot \text{m} \qquad (4-18)$$

子系统Ⅳ所吸收的能量反映在配重上升高度,所以

$$W_4 = 7 \times 5.1 \times 9.8 \times 0.64 \times 10^{-2} = 2.239 \text{ N} \cdot \text{m} \qquad (4-19)$$

若将节点外载做的功平均分配到三个子系统Ⅰ、Ⅱ、Ⅲ上,则

$$W_i = \sum_{n=1}^{N} m_{in} g h_{in}/3 = \frac{W - W_4}{3} = 1.908 \text{ N} \cdot \text{m} \qquad (4-20)$$

$$V_{sik} = n \cdot \nu_{sik} \cdot V_{ik} = \begin{vmatrix} 11\,719.103 \times 10^{-5} \\ 4\,039.602 \times 10^{-5} \\ 5\,775.443 \times 10^{-5} \\ 2.239 \end{vmatrix} \qquad (4-21)$$

然后

$$\begin{vmatrix} \eta_1 & & & \\ & \eta_2 & & \\ & & \eta_3 & \\ & & & 1 \end{vmatrix} \begin{vmatrix} 1.908 \\ 1.908 \\ 1.908 \\ 2.239 \end{vmatrix} = \begin{vmatrix} 11\ 719.103 \times 10^{-5} \\ 4\ 039.602 \times 10^{-5} \\ 5\ 775.443 \times 10^{-5} \\ 2.239 \end{vmatrix} \tag{4-22}$$

所以得

$$\eta_1 = 6.142 \times 10^{-2} \qquad \eta_2 = 2.117 \times 10^{-2} \qquad \eta_3 = 3.027 \times 10^{-2}$$

2. 应变能对内部损耗因子的影响

方法 A 是将结构上弦穹顶划分成子系统 I、II 和 III，下弦拉索为子系统 IV，均是包括了 6 根杆件的杆件群，并且室内加载试验过程中是对结构节点 $a,b,\cdots,f$ 加载，这 6 个节点是子系统 I、II 和 III 的公用节点，所以基于杆件群数量的一致性和共同的 6 个节点，以及数据分析的简便性这三大因素，假设 $\eta_{ij} = \eta_{ji}$，$W_1 = W_2 = \cdots = W_N$，可知在一次加载过程中，应变能对子系统内部损耗因子的大小起着决定性作用，那么随着加载步增加，应变能对内部损耗因子的影响不是唯一决定性因素，还要考虑阶跃荷载作用下外载做的功，见表 4-13。

图 4-4 及图 4-5 给出了子系统随加载步增加的应变能变化及各子系统间的对比，各子系统应变能变化在第三次加载时出现突变，所以在表 4-14 中给出了各子系统应变能突变前后的增长幅度比较。分析发现随着加载步增加，外载累积，结构的能量损耗均呈上升趋势，尤其是子系统 IV 能量损耗相对于其他三个子系统较明显，说明子系统 IV 对结构承载能力的提高发挥了重要作用。

表 4-13　方法 A 各子系统能量损耗增长幅度

增长幅度	子系统 I	子系统 II	子系统 III	子系统 IV	子系统节点外载做功/(N·m)
加载步 1~3	13	5.64	3.45	1.33	2.33
加载步 3~5	2.75	1.43	7.49	3.57	3.98

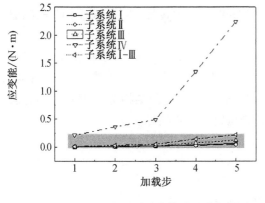

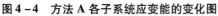

图 4-4　方法 A 各子系统应变能的变化图

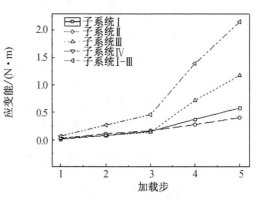

图 4-5　图 4-4 阴影部分放大图

对于子系统 I、II 和 III，通过图 4-5 和图 4-6 的对比可以看出，随着阶跃荷载加载步的增加，各子系统能量损耗量均在上升，且在加载步 3 的时候出现突变，子系统 I 和 II 内部损耗因子在加载步 3 之后也改变了原先的发展线路，突然下降，然而子系统 III 的内部损耗因子继续增加。

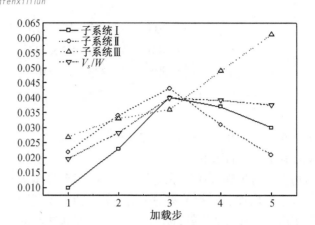

图 4 - 6 方法 A 子系统的内部损耗因子及 V_s/W 的比较

子系统能量损耗量都有所增加,但与之紧密相关的内部损耗因子却步调不一。在阶跃荷载作用下,子系统的内部损耗因子的影响因素还有子系统节点外载做功。

加载步 1 ~ 3 过程中,子系统节点荷载做功的增长幅度为 2.33,而子系统Ⅰ、Ⅱ和Ⅲ的能量损耗增长幅度均大于 2.33,所以在这个过程中,三个子系统内部损耗因子均呈上升趋势,其中子系统Ⅰ的增长幅度最大为 13,其内部损耗因子增长也较迅速;加载步 3 ~ 5 过程中,只有子系统Ⅲ的能量损耗增长幅度超过了子系统节点荷载做功的增长幅度,所以子系统Ⅲ不同于其他两个子系统,内部损耗因子依然呈上升趋势。

3. 方法 A 内部损耗因子变化规律

子系统的内部损耗因子是体现其承载性能的最直接参数,而 V_s/W 是在阶跃荷载作用下,上弦穹顶杆件群的应变能与节点荷载做功除去拉索损耗能量的比值,代表一个加载阶段。上弦结构能量损耗的平均水平,是判定子系统能量损耗能力强弱的一个标准。

由图 4 - 5 可以看出,V_s/W 值在加载步 1 ~ 3 过程中有所增加,但在加载步 3 ~ 5 过程中趋于平缓,没有太大变化;子系统Ⅰ和Ⅱ内部损耗因子在加载步 1 ~ 3 过程中增长迅速,加载步 3 ~ 5 过程中又下降;子系统Ⅲ内部损耗因子在加载步 1 ~ 3 过程中增长缓慢,但在加载步 3 ~ 5 过程中增长迅速。

结构上弦穹顶杆件群在初始阶段,能量损耗能力是上升的,在整体结构破坏前达到能量损耗能力极限,那么 V_s/W 值可以作为判定结构安全使用范围的一个标准;相对于其他杆件子系统,子系统Ⅲ在整个加载过程中能量响应强烈,是上弦穹顶结构的关键系统,尤其在破坏前一阶段其能量损耗能力发展迅速,以抵抗结构跳跃失稳破坏。

4.5.2 损耗因子法分析(方法 B)

1. 方法 B 应变能数据处理

初始状态到第一次平衡(加载第一次),外载做功为

$$W = \sum_{n=1}^{N} m_{in} g h_{in} = 5.1 \times 9.8 \times 1.11 \times 10^{-2} = 0.555 \text{ N·m} \tag{4-23}$$

子系统Ⅶ所吸收的能量反映在配重上升高度,则有

$$W_7 = 7 \times 5.1 \times 9.8 \times 0.06 \times 10^{-2} = 0.210 \text{ N·m} \tag{4-24}$$

若将节点外载做的功除去子系统Ⅶ(索道)吸收的能量平均分配到每个杆件上,则

$$W_i = \sum_{n=1}^{N} m_{in} g h_{in}/18 = \frac{2 \times 5.1 \times 9.8 \times 1.11 \times 10^{-2} - W_4}{18} = 0.019 \text{ N} \cdot \text{m} \quad (4-25)$$

由

$$
\begin{vmatrix}
\eta_1 & & & & & & \\
& \eta_2 & & & & & \\
& & \eta_3 & & & & \\
& & & \eta_4 & & & \\
& & & & \eta_5 & & \\
& & & & & \eta_6 & \\
& & & & & & \eta_7
\end{vmatrix}
\begin{vmatrix}
W_1 \\ W_2 \\ W_3 \\ W_4 \\ W_5 \\ W_6 \\ W_7
\end{vmatrix}
=
\begin{vmatrix}
V_{s1} \\ V_{s2} \\ V_{s3} \\ V_{s4} \\ V_{s5} \\ V_{s6} \\ V_{s7}
\end{vmatrix}
\quad (4-26)
$$

得

$$
\begin{vmatrix}
\eta_1 & & & & & & \\
& \eta_2 & & & & & \\
& & \eta_3 & & & & \\
& & & \eta_4 & & & \\
& & & & \eta_5 & & \\
& & & & & \eta_6 & \\
& & & & & & 1
\end{vmatrix}
\begin{vmatrix}
0.038 \\ 0.076 \\ 0.076 \\ 0.038 \\ 0.038 \\ 0.076 \\ 0.210
\end{vmatrix}
=
\begin{vmatrix}
2.428 \times 10^{-5} \\ 38.094 \times 10^{-5} \\ 49.128 \times 10^{-5} \\ 84.589 \times 10^{-5} \\ 45.584 \times 10^{-5} \\ 110.498 \times 10^{-5} \\ 0.210
\end{vmatrix}
\quad (4-27)
$$

所以得

$$\eta_1 = 6.389 \times 10^{-4} \quad \eta_2 = 5.012 \times 10^{-3} \quad \eta_3 = 6.464 \times 10^{-3}$$

$$\eta_4 = 2.226 \times 10^{-2} \quad \eta_5 = 1.200 \times 10^{-2} \quad \eta_6 = 1.454 \times 10^{-2}$$

第一次平衡状态到第二次平衡状态(加载第2次),外载做功为

$$W = \sum_{n=1}^{N} m_{in} g h_{in} = 2 \times 5.1 \times 9.8 \times 1.64 \times 10^{-2} = 1.639 \text{ N} \cdot \text{m} \quad (4-28)$$

子系统Ⅶ所吸收的能量反映在配重上升高度,则有

$$W_7 = 7 \times 5.1 \times 9.8 \times 0.14 \times 10^{-2} = 0.490 \text{ N} \cdot \text{m} \quad (4-29)$$

若将节点外载做的功除去子系统Ⅶ(索道)吸收的能量平均分配到每个杆件上,则

$$W_i = \sum_{n=1}^{N} m_{in} g h_{in}/18 = \frac{2 \times 5.1 \times 9.8 \times 0.14 \times 10^{-2} - W_4}{18} = 0.064 \text{ N} \cdot \text{m} \quad (4-30)$$

$$
\begin{vmatrix}
\eta_1 & & & & & & \\
& \eta_2 & & & & & \\
& & \eta_3 & & & & \\
& & & \eta_4 & & & \\
& & & & \eta_5 & & \\
& & & & & \eta_6 & \\
& & & & & & \eta_7
\end{vmatrix}
\begin{vmatrix}
W_1 \\ W_2 \\ W_3 \\ W_4 \\ W_5 \\ W_6 \\ W_7
\end{vmatrix}
=
\begin{vmatrix}
V_{s1} \\ V_{s2} \\ V_{s3} \\ V_{s4} \\ V_{s5} \\ V_{s6} \\ V_{s7}
\end{vmatrix}
\quad (4-31)
$$

得

$$
\begin{vmatrix}
\eta_1 & & & & & & \\
& \eta_2 & & & & & \\
& & \eta_3 & & & & \\
& & & \eta_4 & & & \\
& & & & \eta_5 & & \\
& & & & & \eta_6 & \\
& & & & & & 1
\end{vmatrix}
\begin{vmatrix}
0.128 \\
0.256 \\
0.256 \\
0.128 \\
0.128 \\
0.256 \\
0.490
\end{vmatrix}
=
\begin{vmatrix}
0.286 \times 10^{-5} \\
716.290 \times 10^{-5} \\
99.476 \times 10^{-5} \\
553.600 \times 10^{-5} \\
50.660 \times 10^{-5} \\
461.804 \times 10^{-5} \\
0.490
\end{vmatrix}
\qquad (4-32)
$$

所以得

$$\eta_1 = 2.234 \times 10^{-5} \quad \eta_2 = 2.798 \times 10^{-2} \quad \eta_3 = 3.886 \times 10^{-3}$$

$$\eta_4 = 4.325 \times 10^{-2} \quad \eta_5 = 3.958 \times 10^{-3} \quad \eta_6 = 1.804 \times 10^{-2}$$

第二次平衡状态到第三次平衡状态(加载第 3 次),外载做功为

$$W = \sum_{n=1}^{N} m_{in} g h_{in} = 3 \times 5.1 \times 9.8 \times 5.31 \times 10^{-2} = 7.962 \ \text{N} \cdot \text{m} \qquad (4-33)$$

子系统Ⅶ所吸收的能量反映在配重上升高度,则有

$$W_7 = 7 \times 5.1 \times 9.8 \times 0.64 \times 10^{-2} = 2.239 \ \text{N} \cdot \text{m} \qquad (4-34)$$

若将在节点外载做的功除去子系统Ⅶ(拉索)吸收的能量平均分配到每个杆件上,则

$$W_i = \sum_{n=1}^{N} m_{in} g h_{in} / 18 = \frac{W - W_4}{18} = 0.318 \ \text{N} \cdot \text{m} \qquad (4-35)$$

由

$$
\begin{vmatrix}
\eta_1 & & & & & & \\
& \eta_2 & & & & & \\
& & \eta_3 & & & & \\
& & & \eta_4 & & & \\
& & & & \eta_5 & & \\
& & & & & \eta_6 & \\
& & & & & & \eta_7
\end{vmatrix}
\begin{vmatrix}
W_1 \\
W_2 \\
W_3 \\
W_4 \\
W_5 \\
W_6 \\
W_7
\end{vmatrix}
=
\begin{vmatrix}
V_{s1} \\
V_{s2} \\
V_{s3} \\
V_{s4} \\
V_{s5} \\
V_{s6} \\
V_{s7}
\end{vmatrix}
\qquad (4-36)
$$

得

$$
\begin{vmatrix}
\eta_1 & & & & & & \\
& \eta_2 & & & & & \\
& & \eta_3 & & & & \\
& & & \eta_4 & & & \\
& & & & \eta_5 & & \\
& & & & & \eta_6 & \\
& & & & & & 1
\end{vmatrix}
\begin{vmatrix}
0.636 \\
1.272 \\
1.272 \\
0.636 \\
0.636 \\
1.272 \\
2.239
\end{vmatrix}
=
\begin{vmatrix}
106.630 \times 10^{-5} \\
2075.650 \times 10^{-5} \\
2\,983.824 \times 10^{-5} \\
1\,346.534 \times 10^{-5} \\
895.962 \times 10^{-5} \\
6\,175.908 \times 10^{-5} \\
2.239
\end{vmatrix}
\qquad (4-37)
$$

所以得

$$\eta_1 = 1.677 \times 10^{-3} \quad \eta_2 = 1.632 \times 10^{-2} \quad \eta_3 = 2.346 \times 10^{-2}$$

$$\eta_4 = 2.117 \times 10^{-2} \quad \eta_5 = 1.409 \times 10^{-2} \quad \eta_6 = 4.855 \times 10^{-2}$$

2. 方法 B 应变能对内部损耗因子的影响

方法 B 是将结构上弦穹顶划分为 6 个子系统，下弦拉索为子系统Ⅶ，所以由此得出的结果是对方法 A 的验证和进一步研究分析。加载节点依然是 6 个杆件子系统的共同节点，但是 6 个杆件群的杆件数量不同，为了避免子系统杆件数量影响分析结果，综合以上原因，在处理节点做功分配的问题上，采取按杆件比例分配的方法。

那么由于子系统杆件群的杆件数量不一，且 $W_1, W_2, \cdots, W_N$ 不尽相同，耦合损耗因子自然会参与结构能量分布，耦合损耗因子不管用理论计算还是试验的方法都很难得到，所以为了研究耦合损耗因子对能量分布的影响，需要得出较接近实际情况的耦合损耗因子值的推测方法。本节在内部损耗因子的基础上，对耦合损耗因子进行不同赋值，做出分析。

图 4 - 7 及图 4 - 8 给出了子系统随加载步增加的应变能变化及各子系统间的对比，各子系统应变能变化在第三次加载时出现突变，表 4 - 14 中给出了各子系统应变能突变前后的增长幅度比较，通过分析可以发现随着加载步增加，外载做功累积，结构的能量损耗均呈上升趋势，尤其是子系统Ⅶ能量损耗相对于其他杆件子系统能量响应强烈，这与方法 A 相对应。

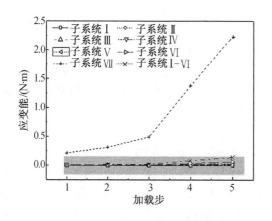

图 4 - 7　方法 B 各子系统的应变能变化图

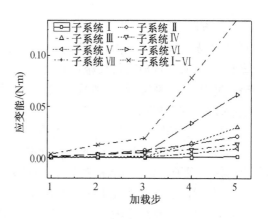

图 4 - 8　左图阴影部分放大图

表 4 - 14　各子系统应变能增长幅度

增长幅度	子系统 Ⅰ	子系统 Ⅱ	子系统 Ⅲ	子系统 Ⅳ	子系统 Ⅴ
加载步 1~3	/	17.00	1.00	5.88	0
加载步 3~5	/	1.89	28.8	1.45	17
增长幅度	子系统 Ⅵ	子系统 Ⅶ	子系统节点外载做功		
加载步 1~3	3.18	1.33	2.33		
加载步 3~5	12.43	3.57	3.98		

对于杆件子系统Ⅰ,…,Ⅵ,通过图 4 - 8 和图 4 - 9 的对比可以看出,随着阶跃荷载加载

步的增加,各子系统能量损耗量均在上升,且在加载步3之后出现突变,而子系统Ⅱ和Ⅳ的内部损耗因子在加载步3之后也改变原先的发展线路突然下降;子系统Ⅰ的内部损耗因子一直在最低端,且没有太大变化;子系统Ⅲ、Ⅴ和Ⅵ的内部损耗因子是随着阶跃荷载增加而增加的。

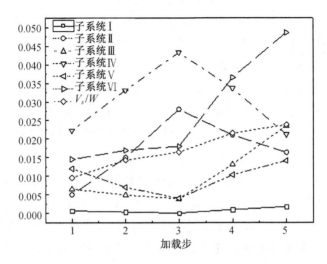

图4-9 各子系统内部损耗因子的变化及与 V_s/W 的比较

对方法A进行分析可知,应变能和节点荷载做功的增长幅度的大小是出现以上结果的原因,由表4-14可知,加载步1~3过程中,子系统节点荷载做功的增长幅度为2.33,子系统Ⅱ、Ⅳ和Ⅵ能量损耗增长幅度均大于2.33,所以其内部损耗因子均呈上升趋势;加载步3~5过程中,子系统Ⅲ、Ⅴ和Ⅵ的能量损耗增长幅度超过了子系统节点荷载做功的增长幅度,所以其内部损耗因子增加。

3. 方法B内部损耗因子的变化规律

方法A中已证明 V_s/W 的值是判定子系统能量损耗能力强弱的一个标准。子系统Ⅵ的内部损耗因子一直在 V_s/W 之上,说明子系统Ⅵ是上弦穹顶的关键系统,是对方法A中结论的证明和补充;而子系统Ⅰ的内部损耗因子在整个加载破坏过程中,一直是最小的,且变化不明显,可见子系统Ⅰ的能量响应很弱,不是结构的关键构件;在结构从加载到破坏的过程中,子系统Ⅳ、Ⅴ和Ⅵ内部损耗因子较大,能量响应较强烈。

结构在阶跃荷载作用下,初始阶段由于时间较短,上弦穹顶结构只能按照就近原则进行能量重分布,但是在被破坏前,结构充分考虑子系统所在位置,改变初始能量分布方式。在结构从加载到被破坏的过程中,应变能逐渐从中间杆系向外侧杆系群扩散;对于除拉索之外的其他子系统,俯视图中与拉索平行的杆件群越是靠近中间撑杆,其能量损耗能力越弱。

4. 耦合损耗因子对内部损耗因子的影响

结构子系统内部损耗因子是 **IC** 矩阵的主要部分,但是耦合损耗因子在某些情况下也是不可忽略的。本书就在内部损耗因子的基础上,对耦合损耗因子进行不同赋值,做出分析。下面对耦合损耗因子赋值前做以下假设:

(1) $\eta_{ij} = \eta_{ji}$;

(2)先初步认为各子系统间的耦合损耗因子相等,然后再做调整;

（3）拉索不参与应变能的传递。

由式（4-37）可得

$$(\eta_1 + \eta_{12} + \eta_{13} + \eta_{16})q = V_{s1}$$
$$(2\eta_2 - \eta_{12} - \eta_{42} - \eta_{52})q = V_{s2}$$
$$(2\eta_3 - \eta_{13} - \eta_{43} - \eta_{53})q = V_{s3}$$
$$(\eta_4 + \eta_{42} + \eta_{43} + \eta_{46})q = V_{s4}$$
$$(\eta_5 + \eta_{52} + \eta_{53} + \eta_{56})q = V_{s5}$$
$$(2\eta_6 - \eta_{16} - \eta_{46} - \eta_{56})q = V_{s6}$$

其矩阵形式为

$$
\begin{vmatrix}
\eta_1 & \eta_{12} & \eta_{13} & \eta_{16} \\
-\eta_{12} & 2\eta_2 & -\eta_{42} & -\eta_{52} \\
-\eta_{13} & -\eta_{43} & 2\eta_3 & -\eta_{53} \\
\eta_4 & \eta_{42} & \eta_{43} & \eta_{46} \\
\eta_5 & \eta_{52} & \eta_{53} & \eta_{56} \\
2\eta_6 & -\eta_{16} & -\eta_{46} & -\eta_{56}
\end{vmatrix}
\begin{vmatrix} q \\ q \\ q \\ q \\ q \end{vmatrix}
=
\begin{vmatrix} V_{s1} \\ V_{s2} \\ V_{s3} \\ V_{s4} \\ V_{s5} \\ V_{s6} \end{vmatrix}
\qquad (4-38)
$$

可知，只需假设9个耦合参数即 $\eta_{12}, \eta_{13}, \eta_{16}, \eta_{42}, \eta_{43}, \eta_{46}, \eta_{52}, \eta_{53}$ 和 η_{56}，即可得到各子系统内部损耗因子的修正值，研究耦合损耗因子对结构能量分布的影响及规律。

$$\eta_{12} = \eta_{13} = \eta_{42} = \eta_{43} = \eta_{46} = \eta_{52} = \eta_{53} = \eta_{56} = 0.001$$

第一次加载时，将 q、V_{si} 和 $\eta_{ij} = 0.001$ 代入式（4-38）可得式（4-39），即

$$
\begin{vmatrix}
\eta_1 & 0.001 & 0.001 & 0.001 \\
2\eta_2 & -0.001 & -0.001 & -0.001 \\
2\eta_3 & -0.001 & -0.001 & -0.001 \\
\eta_4 & 0.001 & 0.001 & 0.001 \\
\eta_5 & 0.001 & 0.001 & 0.001 \\
2\eta_6 & -0.001 & -0.001 & -0.001
\end{vmatrix}
\begin{vmatrix} 0.038 \\ 0.038 \\ 0.038 \\ 0.038 \end{vmatrix}
=
\begin{vmatrix}
2.428 \times 10^{-5} \\
38.094 \times 10^{-5} \\
49.128 \times 10^{-5} \\
84.589 \times 10^{-5} \\
45.584 \times 10^{-5} \\
110.498 \times 10^{-5}
\end{vmatrix}
\qquad (4-39)
$$

所以

$$\eta_1 = -2.36 \times 10^{-3} \quad \eta_2 = 6.51 \times 10^{-3} \quad \eta_3 = 7.96 \times 10^{-3}$$
$$\eta_4 = 1.93 \times 10^{-2} \quad \eta_5 = 9.00 \times 10^{-3} \quad \eta_6 = 1.60 \times 10^{-2}$$

但是 $\eta_1 = -2.36 \times 10^{-3}$ 与结构承载特性不符，所以应该对 η_1 进行修正，令 $\eta_1 = 0$，则有

$$(\eta_1 + \eta_{12} + \eta_{13} + \eta_{16})q = V_{s1}$$

可得

$$\eta_{12} = \eta_{13} = \eta_{16} = 2.13 \times 10^{-4}$$

其他耦合损耗因子不变，将 $\eta_1, \eta_{12}, \eta_{13}$ 和 η_{16} 修正值代入可得

$$\eta_1 = 0 \quad \eta_2 = 6.12 \times 10^{-3} \quad \eta_3 = 7.57 \times 10^{-3}$$
$$\eta_4 = 1.93 \times 10^{-2} \quad \eta_5 = 9.00 \times 10^{-3} \quad \eta_6 = 1.56 \times 10^{-2}$$

情况一：

$$\eta_{12} = \eta_{13} = \eta_{16} = \eta_{42} = \eta_{43} = \eta_{46} = \eta_{52} = \eta_{53} = \eta_{56} = 0.000\,25$$

情况二：
$$\eta_{12} = \eta_{13} = \eta_{16} = \eta_{42} = \eta_{43} = \eta_{46} = \eta_{52} = \eta_{53} = \eta_{56} = 0.0005$$

情况三：
$$\eta_{12} = \eta_{13} = \eta_{16} = \eta_{42} = \eta_{43} = \eta_{46} = \eta_{52} = \eta_{53} = \eta_{56} = 0.001$$

情况四：
$$\eta_{12} = \eta_{13} = \eta_{16} = \eta_{42} = \eta_{43} = \eta_{46} = \eta_{52} = \eta_{53} = \eta_{56} = 0.005$$

情况五：
$$\eta_{12} = \eta_{13} = \eta_{16} = \eta_{42} = \eta_{43} = \eta_{46} = \eta_{52} = \eta_{53} = \eta_{56} = 0.01$$

情况六：
$$\eta_{12} = \eta_{13} = \eta_{16} = \eta_{42} = \eta_{43} = \eta_{46} = \eta_{52} = \eta_{53} = \eta_{56} = 0.05$$

那么第三次加载和第五次加载的内部损耗因子，通过调整之后亦可得。由于第一次加载和第五次加载在假设 $\eta_{ij} = 0.05$ 的各子系统内部损耗因子与 $\eta_{ij} = 0.01$ 的内部损耗因子值相同，所以只取 $\eta_{ij} = 0.01$。由图 4 - 10 至图 4 - 12 可以看出，当耦合损耗因子从 0.00025 增大到 0.001 时，子系统Ⅰ、Ⅳ和Ⅴ的内部损耗因子减小，子系统Ⅱ、Ⅲ和Ⅵ的内部损耗因子增大，整个上弦穹顶结构能量分布规则基本不变；但是当耦合损耗因子大于或等于 0.005 时，子系统Ⅱ、Ⅲ、Ⅳ和Ⅴ的内部损耗因子出现突变，而分别作为薄弱子系统和关键子系统的Ⅰ和Ⅵ变化不大（按照子系统内部损耗能量的能力定义：内部耗能能力最强的为关键构件，内部耗能能力最弱的为薄弱构件）。

耦合损耗因子在一定范围内变化时，不影响上弦穹顶结构的能量分布规则，但是当耦合损耗因子的变化超过一定范围时，结构薄弱子系统和关键子系统内部损耗因子仍然保持原始格局，而其他子系统发生突变，进而影响结构失效模式。

通过对结构子系统内部损耗因子和耦合损耗因子的比较，三次加载所得 $\eta_1 < 0$，产生不符合结构承载特性的结果原因是：假设的子系统耦合损耗因子均相等，并未考虑有些子系统自身损耗能力很小，所以其传递给其他子系统的能力也会相对较小，比如子系统Ⅰ。从以上数据也可以得出：子系统Ⅰ的内部损耗能力和耦合损耗能力均较弱，因为子系统Ⅰ的两根杆件与拉索平行，并且下部有撑杆产生的支撑力，所以其能量响应较弱。

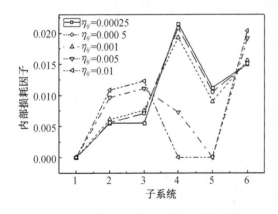

图 4 - 10　第一次加载 η_i 随 η_{ij} 的变化

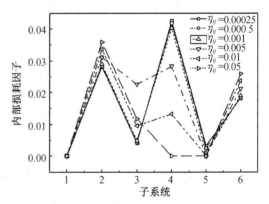

图 4 - 11　第三次加载 η_i 随 η_{ij} 的变化

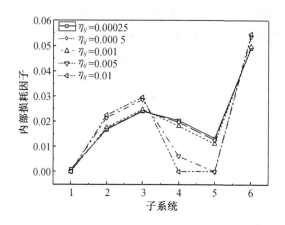

图4-12 第五次加载 η_i 随 η_{ij} 的变化

5. 内部损耗因子结合耦合损耗因子对结构能量分布的影响

星型穹顶结构在阶跃荷载作用下,子系统的内部损耗向其他子系统传递,并且子系统的内部损耗是结构处理外载做功的主要方式,那么为了更加精确地预测结构上弦穹顶的能量分布形式,耦合损耗因子也是不可忽略的。本书分析了耦合损耗因子对内部损耗因子的影响,发现耦合损耗因子的增大将促使内部损耗因子的突变,从而改变结构能量分布方式。

内部损耗因子与耦合损耗因子的组合将能量分布表达得更为精确和清晰。首先由图4-13可知,子系统 I 的内部损耗因子在后一阶段加载中,是随着加载步增加而增大的,但是 η_1 的值明显小于其他子系统,说明了子系统 I 在加载过程中是积极响应能量损耗的,但是其杆件所在结构的位置制约了其作用。

图4-14和图4-16中子系统 II 和子系统 IV 内部损耗因子随加载步增加呈现的增减趋势类似,第一次加载到第三次加载,内部损耗因子增加,第三次加载到第五次加载,内部损耗因子减小,且破坏前两子系统内部损耗因子值均在0.02左右,这说明子系统 II 和子系统 IV 在结构承受相对安全荷载时,能量损耗能力随荷载累积在增强,继续加载直至结构被破坏,系统能量损耗能力减弱。

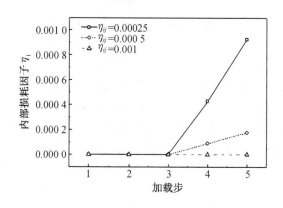

图4-13 η_1 在不同的 η_{ij} 下随加载步变化

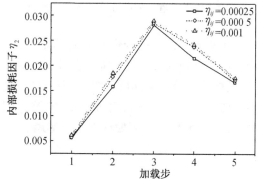

图4-14 η_2 在不同的 η_{ij} 下随加载步变化

图4-15和图4-17为子系统 III 和子系统 V 第一次加载到第三次加载,内部损耗因子减小,第三次加载到第五次加载,内部损耗因子增加,且破坏前两子系统内部损耗因子值也

在 0.02 左右,这说明子系统 Ⅱ 和子系统 Ⅳ 在结构承受相对安全荷载时,能量损耗能力随荷载累积在减小,继续加载直至结构被破坏,系统能量损耗能力增强。

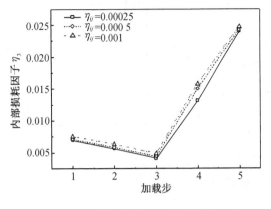

图 4-15　η_3 在不同的 η_{ij} 下随加载步变化　　　　图 4-16　η_4 在不同的 η_{ij} 下随加载步变化

图 4-18 中子系统 Ⅵ 的内部损耗因子随荷载累积一直在增加,且破坏前一级荷载 η_6 达到 0.05 左右,远远大于其他子系统的内部损耗因子值,说明子系统 Ⅵ 在整个加载过程中能量损耗效能一直在提高,且高于其他子系统的能量损耗效能。

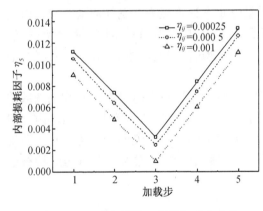
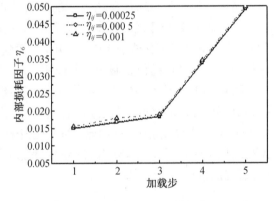

图 4-17　η_5 在不同的 η_{ij} 下随加载步变化　　　　图 4-18　η_6 在不同的 η_{ij} 下随加载步变化

子系统 Ⅵ 代表的杆件⑭⑮⑰⑱是上弦穹顶结构的关键构件,结构被破坏前,结构的关键构件内部损耗因子增加幅度上升,薄弱构件的内部损耗因子一直很小。在整个加载过程中,结构能量分布情况可从图 4-19 看出,结构在试验过程中改变了初始能量分布原则,由图中的中心三角区向外侧梯形区扩散,并且子系统 Ⅵ 代表的杆件群是能量集中区。图 4-19 中子系统 Ⅵ 内部损耗因子持续增大直至超过其他子系统,验证了上述结论。

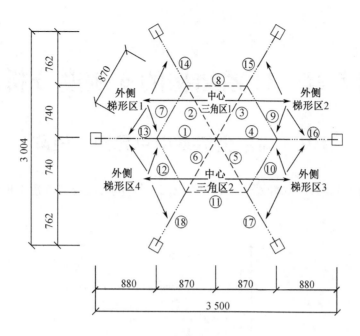

图 4 – 19 结构能量分布示意图

第5章 杆系结构的变刚度分析法

5.1 局部坐标系中单元刚度矩阵

等截面空间桁架杆件的杆端力和位移如图 5-1 所示,设局部直角坐标系为 $\bar{x}\,\bar{y}\,\bar{z}$,$\bar{x}$ 轴与杆件平行。

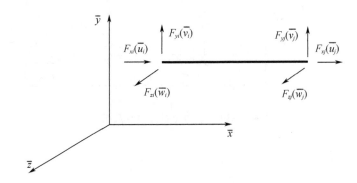

图 5-1 等截面空间桁架杆件的杆端力和位移

杆端力向量为

$$\boldsymbol{F}_{\varepsilon} = \begin{bmatrix} F_{\bar{x}i} & F_{\bar{y}i} & F_{\bar{z}i} & F_{\bar{x}j} & F_{\bar{y}i} & F_{\bar{z}i} \end{bmatrix}^{\mathrm{T}} \tag{5-1}$$

杆端位移向量为

$$\boldsymbol{\delta}_{\varepsilon} = \begin{bmatrix} \bar{\mu}_i & \bar{v}_i & \bar{w}_i & \bar{\mu}_j & \bar{v}_j & \bar{w}_j \end{bmatrix}^{\mathrm{T}} \tag{5-2}$$

杆端力和位移的关系可写为

$$\boldsymbol{F}_{\varepsilon} = \boldsymbol{K}_{\varepsilon}\boldsymbol{\delta}_{\varepsilon} \tag{5-3}$$

其中

$$\boldsymbol{K}_{\varepsilon} = \begin{bmatrix} 1 & 0 & 0 & -1 & 0 & 0 \\ 0 & 0 & 0 & 0 & 0 & 0 \\ 0 & 0 & 0 & 0 & 0 & 0 \\ -1 & 0 & 0 & 1 & 0 & 0 \\ 0 & 0 & 0 & 0 & 0 & 0 \\ 0 & 0 & 0 & 0 & 0 & 0 \end{bmatrix} \tag{5-4}$$

5.2 坐标转换矩阵及其特性

在结构分析时为方便杆端力和位移的叠加,应采用统一坐标系,即结构整体坐标系 xyz,这样需对局部坐标系下的单元刚度矩阵进行坐标转换,如图 5-2 所示为杆件在整体坐标中的关系。

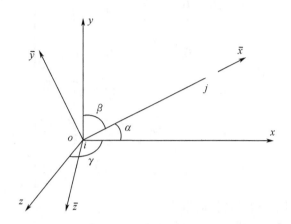

图 5-2 杆件在整体坐标中的关系

设杆件(即 $\bar{x}$ 轴)与整体坐标系 x,y,z 轴夹角的余弦分别为 l,m,n。由图 5-2 所示的几何关系可以得出

$$l = \cos\alpha = \frac{x_j - x_i}{l_{ij}}$$

$$m = \cos\beta = \frac{y_j - y_i}{l_{ij}}$$

$$n = \cos\gamma = \frac{z_j - z_i}{l_{ij}} \tag{5-5}$$

式中,l_{ij} 为杆的长度。

令坐标转换矩阵为

$$\boldsymbol{T} = \begin{bmatrix} \boldsymbol{T}_{11} & \boldsymbol{T}_{12} \\ \boldsymbol{T}_{21} & \boldsymbol{T}_{22} \end{bmatrix} \tag{5-6}$$

由坐标轴的旋转变换和几何关系可导出

$$\boldsymbol{T}_{11} = \boldsymbol{T}_{22} = \begin{bmatrix} l & \dfrac{-lm}{\sqrt{l^2 + n^2}} & \dfrac{-n}{\sqrt{l^2 + n^2}} \\ m & \sqrt{l^2 + n^2} & 0 \\ n & \dfrac{-mn}{\sqrt{l_2 + n^2}} & \dfrac{l}{\sqrt{l^2 + n^2}} \end{bmatrix} \tag{5-7}$$

$$\boldsymbol{T}_{12} = \boldsymbol{T}_{21} = 0 \tag{5-8}$$

由于坐标转换矩阵中,局部坐标的 x,y,z 轴始终两两垂直,所以可得出 $\boldsymbol{T}^{-1} = \boldsymbol{T}^{\mathrm{T}}$ 的性质,为了进一步研究其性质,下面利用算例来进行研究。

算例 1:令 $l = m = n = \dfrac{\sqrt{3}}{3}$,则坐标转换矩阵为

$$\boldsymbol{T} = \begin{bmatrix} \dfrac{\sqrt{3}}{3} & \dfrac{\sqrt{3}}{3} & \dfrac{\sqrt{3}}{3} & 0 & 0 & 0 \\[2mm] -\dfrac{\sqrt{6}}{3} & \dfrac{\sqrt{6}}{3} & -\dfrac{\sqrt{6}}{6} & 0 & 0 & 0 \\[2mm] -\dfrac{\sqrt{2}}{2} & 0 & \dfrac{\sqrt{2}}{2} & 0 & 0 & 0 \\[2mm] 0 & 0 & 0 & \dfrac{\sqrt{3}}{3} & \dfrac{\sqrt{3}}{3} & \dfrac{\sqrt{3}}{3} \\[2mm] 0 & 0 & 0 & \dfrac{\sqrt{6}}{6} & \dfrac{\sqrt{6}}{3} & \dfrac{\sqrt{6}}{6} \\[2mm] 0 & 0 & 0 & -\dfrac{\sqrt{2}}{2} & 0 & \dfrac{\sqrt{2}}{2} \end{bmatrix}$$

利用 MATLAB 可以解得其特征向量为

$$\boldsymbol{V} = \begin{bmatrix} 0.685\,6 & 0.685\,6 & -0.244\,5 & 0 & 0 & 0 \\ -0.137\,2+0.430\,5\mathrm{i} & -0.137\,2-0.430\,5\mathrm{i} & -0.769\,3 & 0 & 0 & 0 \\ 0.105\,2+0.561\,0\mathrm{i} & 0.105\,2-0.561\,0\mathrm{i} & 0.590\,3 & 0 & 0 & 0 \\ 0 & 0 & 0 & 0.685\,6 & 0.685\,6 & -0.244\,5 \\ 0 & 0 & 0 & -0.137\,2+0.430\,5\mathrm{i} & -0.137\,2-0.430\,5\mathrm{i} & -0.769\,3 \\ 0 & 0 & 0 & 0.105\,2+0.561\,0\mathrm{i} & 0.105\,2-0.561\,0\mathrm{i} & 0.590\,3 \end{bmatrix}$$

其特征值为

$$\boldsymbol{d} = \begin{bmatrix} 0.550\,5+0.834\,9\mathrm{i} & 0.550\,5-0.834\,9\mathrm{i} & 1.000\,0 & 0.550\,5+0.834\,9\mathrm{i} \\ 0.550\,5-0.834\,9\mathrm{i} & 1.000\,0\,0 \end{bmatrix}^{\mathrm{T}}$$

算例 2:令 $l = \dfrac{\sqrt{6}}{6}, m = \dfrac{\sqrt{2}}{2}, n = \dfrac{\sqrt{3}}{3}$,则坐标转换矩阵为

$$\boldsymbol{T} = \begin{bmatrix} \dfrac{\sqrt{6}}{6} & \dfrac{\sqrt{2}}{2} & \dfrac{\sqrt{3}}{3} & 0 & 0 & 0 \\[2mm] -\dfrac{\sqrt{6}}{6} & \dfrac{\sqrt{2}}{2} & -\dfrac{\sqrt{3}}{3} & 0 & 0 & 0 \\[2mm] -\dfrac{\sqrt{6}}{3} & 0 & \dfrac{\sqrt{3}}{3} & 0 & 0 & 0 \\[2mm] 0 & 0 & 0 & \dfrac{\sqrt{6}}{6} & \dfrac{\sqrt{2}}{2} & \dfrac{\sqrt{3}}{3} \\[2mm] 0 & 0 & 0 & -\dfrac{\sqrt{6}}{6} & \dfrac{\sqrt{2}}{2} & -\dfrac{\sqrt{3}}{3} \\[2mm] 0 & 0 & 0 & -\dfrac{\sqrt{6}}{3} & 0 & \dfrac{\sqrt{3}}{3} \end{bmatrix}$$

利用 MATLAB 可以解得其特征向量为

$$V = \begin{bmatrix} 0.685\,6 & 0.685\,6 & -0.244\,5 & 0 & 0 & 0 \\ -0.137\,2+0.430\,5i & -0.137\,2-0.430\,5i & -0.769\,3 & 0 & 0 & 0 \\ 0.105\,2+0.561\,0i & 0.105\,2-0.561\,0i & 0.590\,3 & 0 & 0 & 0 \\ 0 & 0 & 0 & 0.685\,6 & 0.685\,6 & -0.244\,5 \\ 0 & 0 & 0 & -0.137\,2+0.430\,5i & -0.137\,2-0.430\,5i & -0.769\,3 \\ 0 & 0 & 0 & 0.105\,2+0.561\,0i & 0.105\,2-0.561\,0i & 0.590\,3 \end{bmatrix}$$

其特征值为

$$d = \begin{bmatrix} 0.346\,4+0.938\,1i & 0.346\,4-0.938\,1i & 1.000\,0 & 0.346\,4+0.938\,1i \\ 0.346\,4-0.938\,1i & 1.000\,0 \end{bmatrix}^{\mathrm{T}}$$

上述两个例子的特征值和特征向量均为复数域范围内的解,而其在实数域内仅有唯一的特征值1,对于算例1的杆件,其坐标转换矩阵的特征值1对应的特征向量为$[0.685\,6\ \ 0.685\,6\ \ -0.244\,5\ \ 0\ \ 0\ \ 0]$;对于算例2的杆件,特征值1对应的特征向量为$[-0.672\,8\ \ -0.6728\ \ -0.307\,7\ \ 0\ \ 0\ \ 0]$。对于空间杆件,无论单元在结构中的位置如何,都可以把单元坐标系的xy面和结构坐标系的XY面取成竖向平面,单元坐标系的z轴和结构坐标系的Z轴同在水平面内,所以虽然杆件的坐标转换矩阵均具有相同的特征值1,但对于给定的杆件,其在整体坐标中的位置是一定的,也就决定了其特征值1对应的特定的特征向量,可以通过特征向量的不同来确定不同坐标的杆件。

5.3　整体坐标系中结构原始刚度方程

在整体坐标系中杆件节点力和节点位移间的关系为

$$F_\varepsilon = K_\varepsilon \delta_\varepsilon \tag{5-9}$$

两坐标系之间的转换关系为

$$F_\varepsilon = TF_\varepsilon;\ F_\varepsilon = T^{\mathrm{T}}F_\varepsilon$$
$$\delta_\varepsilon = T\delta_\varepsilon;\ \delta_\varepsilon = T^{\mathrm{T}}\delta_\varepsilon \tag{5-10}$$

其中,F_ε,δ_ε,K_ε分别表示杆件在整体坐标系中的节点力、节点位移和单元刚度矩阵。

并且$T^{-1} = T^{\mathrm{T}}$,得到整体坐标结构的刚度方程为

$$F_\varepsilon = TK_\varepsilon T^{\mathrm{T}}\delta_\varepsilon = K_\varepsilon \delta_\varepsilon \tag{5-11}$$

将式(5-6)、式(5-7)、式(5-8)代入式(5-11)中得到杆件M_i在整体坐标系中的单元刚度矩阵为

$$\begin{aligned} K_\varepsilon &= TK_\varepsilon T^{\mathrm{T}} \\ &= \frac{EA}{l_{ij}} \begin{bmatrix} l^2 & l\cdot m & l\cdot n & -l^2 & -l\cdot m & -l\cdot n \\ l\cdot m & m^2 & m\cdot n & -l\cdot m & -m^2 & -m\cdot n \\ l\cdot n & m\cdot n & n^2 & -l\cdot n & -m\cdot n & -n^2 \\ -l^2 & -l\cdot m & -l\cdot n & l^2 & l\cdot m & l\cdot n \\ -l\cdot m & -m^2 & -m\cdot n & l\cdot m & m^2 & m\cdot n \\ -l\cdot n & -m\cdot n & -n^2 & l\cdot n & m\cdot n & n^2 \end{bmatrix} \end{aligned} \tag{5-12}$$

引入支承条件得到结构原始刚度矩阵的缩刚,利用MATLAB解式(5-11)可得结构各节点的位移。由式(5-10)可得局部坐标系中杆端内力为

$$F_e = T^{\mathrm{T}}K_e\delta_e \tag{5-13}$$

将公式(5-13)展开整理可得杆件轴力表达式为

$$N = \frac{EA}{l_{ij}}[\cos\alpha \cdot (u_j - u_i) + \cos\beta \cdot (v_j - v_i) + \cos\gamma \cdot (w_j - w_i)] \qquad (5-14)$$

其中,N 为杆件轴力,以拉为正;$u_i, v_i, w_i, u_j, v_j, w_j$ 为单元两端 i, j 沿 x, y, z 轴方向的位移。

5.4 整体坐标系下单元刚度矩阵的特性

利用 MATLAB 解单元刚度矩阵式(5-12),可得其特征向量为

$$V = \begin{bmatrix} -\dfrac{m}{l} & \dfrac{n}{l} & 1 & \dfrac{m}{l} & \dfrac{n}{l} & -\dfrac{l}{n} \\ 1 & 0 & 0 & 0 & 0 & -\dfrac{m}{n} \\ 0 & 1 & 0 & 0 & 0 & -1 \\ 0 & 0 & 1 & 0 & 0 & -\dfrac{m}{n} \\ 0 & 0 & 0 & 1 & 0 & -\dfrac{m}{n} \\ 0 & 0 & 0 & 0 & 1 & 1 \end{bmatrix}$$

单元刚度矩阵的特征值为

$$d = EA/l \times [0 \quad 0 \quad 0 \quad 0 \quad 0 \quad 2]^{\mathrm{T}}$$

通过以上计算可以得出自由的空间杆单元在整体坐标系中的特征值 $d = EA/l \times [0 \ 0 \ 0 \ 0 \ 0 \ 2]^{\mathrm{T}}$,其中刚度矩阵的特征值 0 所对应的特征向量分别为 $[-m/l \ 1 \ 0 \ 0 \ 0 \ 0]$,$[n/l \ 0 \ 1 \ 0 \ 0 \ 0]$,$[1 \ 0 \ 0 \ 1 \ 0 \ 0]$,$[-m/l \ 1 \ 0 \ 0 \ 0 \ 0]$,$[n/l \ 0 \ 1 \ 0 \ 0 \ 0]$ 特征值 $2EA/l$ 对应的特征向量为 $[-l/n \ -m/n \ -1 \ l/n \ m/n \ 1]$。通过以上的分析可以得出对于空间任意杆件的单元刚度矩阵都存在 $2EA/l$ 这一特征值,且在第一象限内不同坐标的杆单元的特征值 $2EA/l$ 对应的特征向量不同,则可以通过研究特征值 $2EA/l$ 对应的不同的特征向量来表征杆件坐标的移动,以此来研究结构的几何非线性变化,且通过该值可以表征整体坐标下单元刚度的变化。

5.5 算例分析

5.5.1 平面桁架

1. 以静定平面桁架为例

其几何尺寸和坐标系如图 5-3 所示,单位为 mm,整体坐标系原点取在点 1,集中荷载 P 作用于点 4,大小为 100 kN,方向为 Y 轴负方向。各杆截面面积 A 和弹性模量 E 都相同（取 $E = 200$ GPa,$A = 4\ 000$ mm²）。

结构的约束条件为点 1 的水平和竖直方向的位移及点 5 的竖直方向的位移为 0。根据矩阵位移法并引入约束条件,代入平衡方程可得各杆的轴力,将所得的轴力值与 ANSYS 分析的结果对比可得表 5-1。

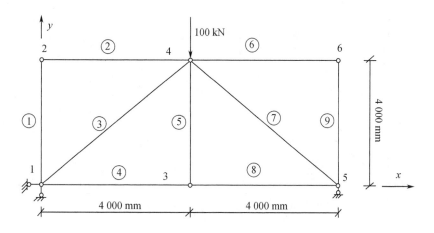

图 5 - 3   平面桁架(静定结构)

表 5 - 1   平面静定结构轴力对比值   单位:kN

	单元1	单元2	单元3	单元4	单元5	单元6	单元7	单元8	单元9
MATLAB	0.00	0.00	-70.71	50.00	0.00	0.00	-70.71	0.00	0.00
ANSYS	0.00	0.00	-70.71	50.00	0.00	0.00	-70.71	0.00	0.00

平面静定结构各节点的位移值见表 5 - 2。

表 5 - 2   平面静定结构各节点的位移值   单位:mm

节点	x 方向	y 方向
1	0.000 0	0.000 0
2	$0.250\,00 \times 10^{-3}$	0.000 0
3	$0.250\,00 \times 10^{-3}$	$-0.957\,11 \times 10^{-3}$
4	$0.250\,00 \times 10^{-3}$	$-0.957\,11 \times 10^{-3}$
5	$0.250\,00 \times 10^{-3}$	0.000 0
6	$0.250\,00 \times 10^{-3}$	0.000 0

经过对比,MATLAB 计算得到的位移值与 ANSYS 计算的位移值基本一致,只存在保留小数点位数不同的误差。

2. 以超静定平面桁架为例

其几何尺寸如图 5 - 4 所示,单位为 mm,整体坐标系原点取在点 1,集中荷载 P 作用于点 4,方向为 y 轴负向,大小为 100 kN,各杆截面面积 A 和弹性模量 E 都相同(取 E = 200 GPa,A = 4 000 mm²)。

结构的约束条件为点 1 的水平和竖直方向的位移及点 5 的竖直方向的位移为 0,根据矩阵位移法并引入约束条件,代入平衡方程可得各杆的轴力,将所得的轴力值与 ANSYS 分析的结果对比可得表 5 - 3。

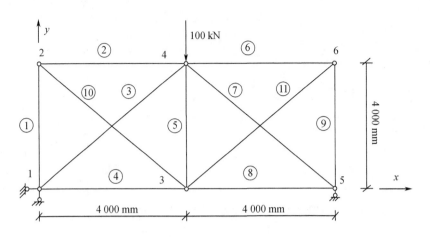

图 5 - 4　平面桁架(超静定结构)

表 5 - 3　平面超静定结构轴力对比值　　　　　　　　　单位:kN

编号	MATLAB 计算值	ANSYS 计算值
单元 1	− 17.962	− 17.962
单元 2	− 17.962	− 17.962
单元 3	− 45.308	− 45.308
单元 4	32.038	32.038
单元 5	− 35.925	− 35.925
单元 6	− 17.962	− 17.962
单元 7	− 45.308	− 45.308
单元 8	32.038	32.038
单元 9	− 17.962	− 17.962
单元 10	25.402	25.402
单元 11	25.402	25.402

平面超静定结构各节点的位移值见表 5 - 4。

表 5 - 4　平面超静定结构各节点的位移值　　　　　　　单位:mm

节点	x 方向	y 方向
1	0.000 0	0.000 0
2	$0.250\ 00 \times 10^{-3}$	$− 0.898\ 11 \times 10^{-4}$
3	$0.160\ 19 \times 10^{-3}$	$− 0.433\ 65 \times 10^{-3}$
4	$0.160\ 19 \times 10^{-3}$	$− 0.613\ 27 \times 10^{-3}$
5	$0.320\ 38 \times 10^{-3}$	0.000 0
6	$0.703\ 77 \times 10^{-4}$	$− 0.898\ 11 \times 10^{-4}$

经过对比,MATLAB 计算得到的位移值与 ANSYS 计算的位移值基本一致,只存在保留小数点位数不同的误差。

5.5.2 空间桁架

如图 5-5 所示空间桁架,其结构由两个边长为 4 m 的正立方体变形而成,其中节点 1 至 6 为两个正方体的顶点,节点 1 和 8 为底边正方形的中心。整体坐标系原点取在点 1,集中荷载 P 作用于点 5 和点 6,方向为 z 轴负方向,大小为 100 kN,各杆截面面积 A 和弹性模量 E 都相同(取 $E=200$ GPa,$A=4\,000$ mm²)。

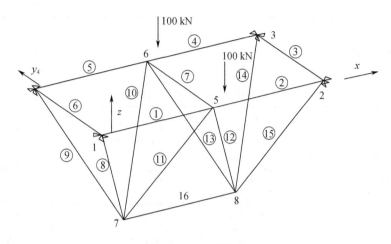

图 5-5 空间桁架

结构的约束条件为节点 1、2、3、4 三个方向的位移均为 0,引入约束条件后,根据矩阵位移法代入平衡方程可得各杆的轴力,将所得的轴力值与 ANSYS 分析的结果对比可得表 5-5。

表 5-5 空间桁架轴力对比值　　　　　　　　　　　　　　　　　单位:kN

编号	MATLAB 计算值	ANSYS 计算值
单元 1	$0.283\,67\times10^{-14}$	$0.283\,67\times10^{-14}$
单元 2	$-0.283\,67\times10^{-14}$	$-0.283\,67\times10^{-14}$
单元 3	0.000 0	0.000 0
单元 4	$-0.297\,16\times10^{-14}$	$-0.297\,16\times10^{-14}$
单元 5	$0.297\,16\times10^{-14}$	$0.297\,16\times10^{-14}$
单元 6	0.000 0	0.000 0
单元 7	50.000	50.000
单元 8	61.237	61.237
单元 9	61.237	61.237
单元 10	-61.237	-61.237

表 5 – 5(续)

节点	MATLAB 计算值	ANSYS 计算值
单元 11	-61.237	-61.237
单元 12	-61.237	-61.237
单元 13	-61.237	-61.237
单元 14	61.237	61.237
单元 15	61.237	61.237
单元 16	100.00	100.00

空间桁架结构各节点的位移值见表 5 – 6。

表 5 – 6 空间桁架结构各节点的位移值   单位:mm

节点	x 方向	y 方向	z 方向
1	$0.000\ 0$	$0.000\ 0$	$0.000\ 0$
2	$0.000\ 0$	$0.000\ 0$	$0.000\ 0$
3	$0.000\ 0$	$0.000\ 0$	$0.000\ 0$
4	$0.000\ 0$	$0.000\ 0$	$0.000\ 0$
5	$0.141\ 84 \times 10^{-19}$	$0.334\ 31 \times 10^{-4}$	$-0.115\ 18 \times 10^{-2}$
6	$0.148\ 58 \times 10^{-19}$	$0.283\ 43 \times 10^{-3}$	$-0.131\ 03 \times 10^{-2}$
7	$-0.250\ 00 \times 10^{-3}$	$0.000\ 0$	$-0.584\ 28 \times 10^{-3}$
8	$0.250\ 00 \times 10^{-3}$	$0.000\ 0$	$-0.584\ 28 \times 10^{-3}$

经过对比,MATLAB 计算得到的位移值与 ANSYS 计算的位移值基本一致,只存在保留小数点位数不同的误差。

5.5.3 空间星型桁架

如图 5 – 6 所示空间星型桁架结构,各节点的坐标见表 5 – 7,整体坐标系原点取在点 1,集中荷载 P 作用于点 13,方向为 z 轴负方向,大小为 100 kN,各杆截面面积 A 和弹性模量 E 都相同(取 $E = 200$ GPa,$A = 4\ 000$ mm^2),其中单元 1 至 12 为支座杆,单元 13 至 18 为环向杆,单元 19 至 24 为径向杆。

表 5 – 7 空间星型桁架节点坐标   单位:mm

节点	x 坐标	y 坐标	z 坐标
1	$-11\ 118.92$	$-19\ 258.54$	$-3\ 290.23$
2	$-22\ 237.85$	0.00	$-3\ 290.23$

表 5 – 7（续）

节点	x 坐标	y 坐标	z 坐标
3	– 11 118.92	19 258.54	– 3 290.23
4	11 118.92	19 258.54	– 3 290.23
5	22 237.85	0.00	– 3 290.23
6	11 118.92	– 19 258.54	– 3 290.23
7	– 8 660.25	– 5 000	– 1 000
8	– 8 660.25	5 000	– 1 000
9	0.00	10 000	– 1 000
10	8 660.25	5 000	– 1 000
11	8 660.25	– 5 000	– 1 000
12	0.00	– 10 000	– 1 000
13	0.00	0.00	0.00

如图 5 – 6 所示的空间星型桁架结构的约束条件为节点 1、2、3、4、5、6 三个方向的位移均为 0，引入约束条件后，根据矩阵位移法代入平衡方程可得各杆的轴力，将所得的轴力值与 ANSYS 分析的结果对比可得表 5 – 8。

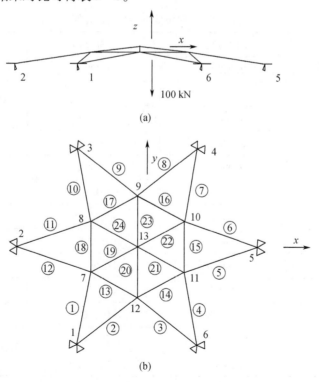

图 5 – 6　空间星型桁架结构

（a）空间星型桁架结构前视图；（b）空间星型桁架结构俯视图

表5-8   空间星型桁架轴力对比值   单位:kN

编号	MATLAB 计算值	ANSYS 计算值	编号	MATLAB 计算值	ANSYS 计算值
单元 1	-53.303	-53.303	单元 13	99.290	99.290
单元 2	-53.303	-53.303	单元 14	99.290	99.290
单元 3	-53.303	-53.303	单元 15	99.290	99.290
单元 4	-53.303	-53.303	单元 16	99.290	99.290
单元 5	-53.303	-53.303	单元 17	99.290	99.290
单元 6	-53.303	-53.303	单元 18	99.290	99.290
单元 7	-53.303	-53.303	单元 19	-167.50	-167.50
单元 8	-53.303	-53.303	单元 20	-167.50	-167.50
单元 9	-53.303	-53.303	单元 21	-167.50	-167.50
单元 10	-53.303	-53.303	单元 22	-167.50	-167.50
单元 11	-53.303	-53.303	单元 23	-167.50	-167.50
单元 12	-53.303	-53.303	单元 24	-167.50	-167.50

空间星形桁架结构位移值见表5-9。

表5-9   空间星型桁架结构位移值   单位:mm

节点	x 向位移	y 向位移	z 向位移
1	0.000 0	0.000 0	0.000 0
2	0.000 0	0.000 0	0.000 0
3	0.000 0	0.000 0	0.000 0
4	0.000 0	0.000 0	0.000 0
5	0.000 0	0.000 0	0.000 0
6	0.000 0	0.000 0	0.000 0
7	-1.074 8	-0.620 56	-1.225 8
8	-1.074 8	0.620 56	-1.225 8
9	0.000 0	1.241 1	-1.225 8
10	1.074 8	0.620 56	-1.225 8
11	1.074 8	-0.620 56	-1.225 8
12	$0.146\ 58 \times 10^{-15}$	-1.241 1	-1.225 8
13	$0.194\ 29 \times 10^{-15}$	$-0.555\ 11 \times 10^{-16}$	-34.784

5.6　坐标随动对整体刚度矩阵的影响

5.6.1　坐标随动变化的分类

1. 弹性小变形

弹性范围内的小变形的情况下,由于杆件变形较小,则忽略单元杆与结构坐标的夹角的变化,且由于在弹性范围内,弹性模量也不变,则在弹性小范围内随着变形的增大,杆件的弹性模量不变,单元的整体刚度不变。

2. 弹性大位移

弹性范围内的几何非线性大变形的情况下,由于外力的作用,结构会产生较大的变形,节点会产生较大的位移,导致单元杆的长度和单元杆与坐标轴的夹角都会发生较大的变化,此时单元的整体刚度会随结构在空间坐标系下坐标的变化而变化。

3. 弹塑性大位移

弹塑性范围内的几何非线性大变形的情况下,节点位移产生较大的变形,导致单元杆的长度和单元杆与坐标轴的夹角都会发生较大的变化。同时,进入弹塑性阶段的杆的模量将变成塑性模量,塑性模量与弹性模量有较大的差别。所以,在弹塑性范围内,需考虑弹塑性阶段的杆件模量的变化。

5.6.2　弹塑性大位移分析

空间杆系结构分析的关键在于在几何非线性的基础之上考虑杆件的塑性发展,由刚度修正法可以得到弹性大位移下整体刚度矩阵,通过引入钢材的双斜线模型来考虑结构的弹塑性大位移的情况,图 5 – 7 为描述钢材弹塑性双斜线模型。

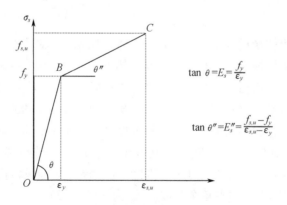

$$\tan\theta = E_s = \frac{f_y}{\varepsilon_y}$$

$$\tan\theta'' = E_s'' = \frac{f_{s,u} - f_y}{\varepsilon_{s,u} - \varepsilon_y}$$

图 5 – 7　钢材弹塑性双斜线模型

双线性模型数学表达式如式(5 – 15)和式(5 – 16):

当 $\varepsilon_s \leqslant \varepsilon_y$ 时,有

$$\sigma_s = E_s \varepsilon_s \left(E_s = \frac{f_y}{\varepsilon_y} \right) \qquad (5 – 15)$$

当 $\varepsilon_y \leqslant \varepsilon_s \leqslant \varepsilon_{s,u}$ 时,有

$$\sigma_s = f_y + (\varepsilon_s - \varepsilon_y)\tan\theta'' \tag{5-16}$$

式中,$\tan\theta'' = E_s'' = \dfrac{f_{s,u} - f_y}{\varepsilon_{s,u} - \varepsilon_y}$,$f_y$ 为屈服应力,ε_y 为屈服应力对应的应变,$f_{s,u}$ 为受拉应力极限值,$\varepsilon_{s,u}$ 为应力极限值对应的应变。

由刚度修正法可得,单元在整体坐标中的刚度矩阵为

$$\boldsymbol{K} = \boldsymbol{T}_1' \overline{\boldsymbol{K}} \boldsymbol{T}_2'' \tag{5-17}$$

式中,

$$\boldsymbol{T}_1' = \begin{bmatrix} l_x' & l_y' & l_z' & 0 & 0 & 0 \\ m_x' & m_y' & m_z' & 0 & 0 & 0 \\ n_x' & n_y' & n_z' & 0 & 0 & 0 \\ 0 & 0 & 0 & l_x' & l_y' & l_z' \\ 0 & 0 & 0 & m_x' & m_y' & m_z' \\ 0 & 0 & 0 & n_x' & n_y' & n_z' \end{bmatrix} \tag{5-18}$$

$$\boldsymbol{T}_2'' = \begin{bmatrix} l_x'' & l_y'' & l_z'' & 0 & 0 & 0 \\ m_x'' & m_y'' & m_z'' & 0 & 0 & 0 \\ n_x'' & n_y'' & n_z'' & 0 & 0 & 0 \\ 0 & 0 & 0 & l_x'' & l_y'' & l_z'' \\ 0 & 0 & 0 & m_x'' & m_y'' & m_z'' \\ 0 & 0 & 0 & n_x'' & n_y'' & n_z \end{bmatrix} \tag{5-19}$$

$\overline{\boldsymbol{K}}$ 如式(5-17);

l_x', m_x', n_x' 分别为力转换后局部坐标 $\bar{x}$ 轴与整体坐标 x, y, z 轴的夹角的余弦值;

l_y', m_y', n_y' 分别为力转换后局部坐标 $\bar{y}$ 轴与整体坐标 x, y, z 轴的夹角的余弦值;

l_z', m_z', n_z' 分别为力转换后局部坐标 $\bar{z}$ 轴与整体坐标 x, y, z 轴的夹角的余弦值;

l_x'', m_x'', n_x'' 分别为位移转换后局部坐标 $\bar{x}$ 轴与整体坐标 x, y, z 轴的夹角的余弦值;

l_y'', m_y'', n_y'' 分别为位移转换后局部坐标 $\bar{y}$ 轴与整体坐标 x, y, z 轴的夹角的余弦值;

l_z'', m_z'', n_z'' 分别为位移转换后局部坐标 $\bar{z}$ 轴与整体坐标 x, y, z 轴的夹角的余弦值;

力转换矩阵 $\boldsymbol{T}_1'$ 的作用是把杆端力从位移发生后的单元坐标系转换到结构坐标系,所以中 $\boldsymbol{T}_1'$ 各元素应按位移发生后的夹角余弦取值,即为式(5-20):

$$\left.\begin{aligned} l_x' &= \frac{(x_j + u_j) - (x_i + u_i)}{l + \Delta l} \\ m_x' &= \frac{(y_j + v_j) - (y_i + v_i)}{l + \Delta l} \\ n_x' &= \frac{(z_j + w_j) - (z_i + w_i)}{l + \Delta l} \end{aligned}\right\} \tag{5-20}$$

对于一般材料,$\Delta l / l$ 是一个小量,可以忽略。将上式整理后得

$$l'_x = l_x + \frac{u_j - u_i}{l} \left.\begin{matrix} \\ \\ \end{matrix}\right\}$$

$$m'_x = m_x + \frac{v_j - v_i}{l} \left.\begin{matrix} \\ \\ \end{matrix}\right\} \tag{5-21}$$

$$n'_x = n_x + \frac{w_j - w_i}{l}$$

式中 l_x, m_x, n_x——变形前局部坐标 $\bar{x}$ 轴与整体坐标 x, y, z 轴的夹角的余弦值;

l_y, m_y, n_y——变形前局部坐标 $\bar{y}$ 轴与整体坐标 x, y, z 轴的夹角的余弦值;

l_z, m_z, n_z——变形前局部坐标 $\bar{z}$ 轴与整体坐标 x, y, z 轴的夹角的余弦值。

杆在变形前的长度为

$$l = \sqrt{(x_j - x_i)^2 + (y_j - y_i)^2 + (z_j - z_i)^2} \tag{5-22}$$

变形后的长度为

$$l + \Delta l = \sqrt{\left[(x_j + u_j) - (x_i + u_i)\right]^2 + \left[(y_j + v_j) - (y_i + v_i)\right]^2 + \left[(z_j + w_j) - (z_i + w_i)\right]^2} \tag{5-23}$$

将式(5-22)和式(5-23)两边平方后相减后得

$$2l\Delta l + \Delta l^2 = 2(x_j - x_i)(u_j - u_i) + 2(y_j - y_i)(v_j - v_i) + 2(z_j - z_i)(w_j - w_i) + (u_j - u_i)^2 + (v_j - v_i)^2 + (w_j - w_i)^2 \tag{5-24}$$

整理得

$$\Delta l = \frac{\left(x_j + \dfrac{u_j}{2}\right) - \left(x_i + \dfrac{u_i}{2}\right)}{l + \dfrac{\Delta l}{2}}(u_j - u_i) + \frac{\left(y_j + \dfrac{v_j}{2}\right) - \left(y_i + \dfrac{v_i}{2}\right)}{l + \dfrac{\Delta l}{2}}(v_j - v_i) +$$

$$\frac{\left(z_j + \dfrac{w_j}{2}\right) - \left(z_i + \dfrac{w_i}{2}\right)}{l + \dfrac{\Delta l}{2}}(w_j - w_i) \tag{5-25}$$

式(5-25)表达杆端 Δl 与杆端位移的关系,对于小应变的情况,式(5-25)分母中的 Δl 项可以忽略,则位移转换矩阵中的元素为

$$l''_x = \frac{\left(x_j + \dfrac{u_j}{2}\right) - \left(x_i + \dfrac{u_i}{2}\right)}{l} = l_x + \frac{u_j - u_i}{2l} \left.\begin{matrix} \\ \\ \\ \end{matrix}\right\}$$

$$m''_x = \frac{\left(y_j + \dfrac{v_j}{2}\right) - \left(y_i + \dfrac{v_i}{2}\right)}{l} = m_x + \frac{v_j - v_i}{2l} \left.\begin{matrix} \\ \\ \\ \end{matrix}\right\} \tag{5-26}$$

$$n''_x = \frac{\left(z_j + \dfrac{w_j}{2}\right) - \left(z_i + \dfrac{w_i}{2}\right)}{l} = n_x + \frac{w_j - w_i}{2l}$$

弹性大变形的理论下整体坐标系下单元刚度矩阵为

$$\boldsymbol{K} = \boldsymbol{T}'_1 \overline{\boldsymbol{K}} \boldsymbol{T}''_2$$

则通过引入弹塑性双斜线模型得到弹塑性大变形条件下整体坐标系中的单元刚度为式:

$$K_s = T_1' \overline{K}_s T_2'' \tag{5-27}$$

式中，

$$\overline{K}_s = \frac{E_s A}{l} \begin{bmatrix} 1 & 0 & 0 & -1 & 0 & 0 \\ 0 & 0 & 0 & 0 & 0 & 0 \\ 0 & 0 & 0 & 0 & 0 & 0 \\ -1 & 0 & 0 & 1 & 0 & 0 \\ 0 & 0 & 0 & 0 & 0 & 0 \\ 0 & 0 & 0 & 0 & 0 & 0 \end{bmatrix} \tag{5-28}$$

弹性阶段，即 $\varepsilon_s \leqslant \varepsilon_y$ 时

$$E_s = \frac{f_y}{\varepsilon_y} \tag{5-29}$$

塑性阶段，即 $\varepsilon_y \leqslant \varepsilon_s \leqslant \varepsilon_{s,u}$ 时

$$E_s = \frac{f_{s,u} - f_y}{\varepsilon_{s,u} - \varepsilon_y} \tag{5-30}$$

5.6.3　算例分析

1. 弹性大位移算例

以图 5-6 空间星型桁架为例研究弹性大位移下结构的位移，取集中荷载为 400 kN，通过 ANSYS 验证荷载为 400 kN 时结构杆件仍处于弹性状态。由于在弹性非线性大变形的情况下，结构的刚度矩阵中含有位移未知数，利用平衡求解位移即为求解多元非线性方程组的过程。采用牛顿迭代法利用 MATLAB 编程可解得多元非线性方程组，即可获得各点的位移。牛顿迭代法的初始可利用 ANSYS 软件先计算大概的位移，迭代多次即可得到各点的精确解。最终将 ANSYS 计算的位移值与 MATLAB 计算的位移值做比较，见表 5-10。

表 5-10　弹性大位移空间星型桁架位移值对比

节点	方向	ANSYS 值/mm	MATLAB 值/mm	误差
7	x	-6.038 7	-6.033 7	0.082 7%
7	y	-3.486 5	-3.483 6	0.083 2%
7	z	3.247 6	3.215 3	0.994 6%
8	x	-6.038 7	-6.033 7	0.082 8%
8	y	3.486 5	3.483 6	0.083 2%
8	z	3.247 6	3.215 3	0.994 6%
9	x	0.21155E-14	-0.000 0	0.000 0%
9	y	6.972 9	6.967 2	0.081 7%
9	z	3.247 6	3.215 2	0.994 6%
10	x	6.038 7	6.033 7	0.082 7%
10	y	3.486 5	3.483 6	0.083 2%

表 5 - 10（续）

节点	方向	ANSYS 值/mm	MATLAB 值/mm	误差
10	z	3.247 6	3.215 3	0.994 6%
11	x	6.038 7	6.033 7	0.082 8%
11	y	− 3.486 5	− 3.483 6	0.083 2%
11	z	3.247 6	3.215 3	0.994 6%
12	x	$0.17137E - 14$	− 0.000 0	0.000 0%
12	y	− 6.972 9	− 6.967 2	0.081 7%
12	z	3.247 6	3.215 2	0.994 6%
13	x	$0.33665E - 14$	− 0.000 0	0.000 0%
13	y	$- 0.46080E - 15$	− 0.000 0	0.000 0%
13	z	− 189.80	− 189.985 2	0.009 8%

由表 5 - 10 可以看出，以 ANSYS 计算的值为准确值，以刚度修正法理论得到的非线性几个大变形的位移与准确值的最大误差为 0.994 6%，误差相对来说很小，其他节点处的误差也较小。而且结构最大位移处的误差为 0.009 8%，属于小误差，所以应用刚度修正法能够很好地计算弹性范围内非线性大变形结构的位移。

2. 弹塑性大位移算例

如图 5 - 8 为铰接二力杆桁架，整体坐标系原点取在 1 点，集中荷载 P 作用于点 2，方向为 y 轴负方向，各杆截面面积 A 相同，取 $A = 4\,000\ \text{mm}^2$，弹性模量 $E = 206\ \text{GPa}$，切线模量取 20.6 GPa，分别通过 ANSYS 和 MATLAB 计算不同荷载作用下节点 2 的竖向位移，考虑杆件进入塑性阶段，并将两者计算的值进行对比，见表 5 - 11。

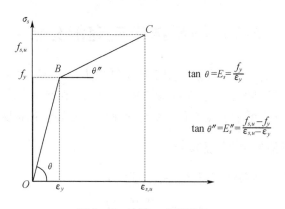

$$\tan \theta = E_s = \frac{f_y}{\epsilon_y}$$

$$\tan \theta'' = E_s'' = \frac{f_{s,u} - f_y}{\epsilon_{s,u} - \epsilon_y}$$

图 5 - 8 铰接二力杆桁架

表 5 - 11　弹塑性大位移桁架结构位移对比值

荷载 P/kN	ANSYS 值/mm	MATLAB 值/mm	误差
1 000	- 3.421	- 3.427	0.175 39%
1 100	- 3.766	- 3.774	0.212 43%
1 200	- 4.112	- 4.121	0.218 87%
1 300	- 4.460	- 4.470	0.224 22%
1 400	- 4.805	- 4.819	0.291 36%
1 419.9	- 4.874	- 4.888	0.287 24%
1 500	- 7.902	- 7.736	2.100 734%
1 600	- 11.748	- 11.272	4.051 753%
1 700	- 15.678	- 14.951	4.637 071%
1 800	- 19.697	- 18.588	5.630 299%
1 900	- 23.813	- 22.379	6.021 921%
2 000	- 28.032	- 26.265	6.303 51%

　　如表 5 - 11,铰接二力杆桁架在荷载为 1 419.9 kN 时进入塑性阶段,进入塑性阶段后,将荷载分为两部分,假设一部分产生完全弹性变形,由于杆件在荷载为 1 419.9 kN 时进入塑性阶段,则假设 1 419.9 kN 产生完全弹性,此时杆单元的坐标产生变化;在杆单元坐标已经变化的基础上剩余部分的力产生完全塑性变形,此时剩余力产生的位移为塑性位移,节点最终位移为弹性位移量加上塑性位移量。表 5 - 11 为 MATLAB 和 ANSYS 计算的节点 2 的竖向位移值,从表中可以看出,杆件处于弹性范围时,结果误差很小;当杆件处于塑性范围时,结果的误差稍大,但在可接受范围内。

5.7　杆系结构应变能分析

　　荷载作用下所产生的结构应变能可用于评价结构力学合理性的指标,应变能越小刚度越大,相反应变能越大则刚度越小。在杆系结构中,单元、节点应变能敏感度表示在结构中该单元抵抗荷载的贡献程度和节点位置的变化带来的应变能变化程度。

5.7.1　杆件应变能敏感度推导

　　在杆系结构中,线弹性条件下应变能的表达式为

$$W = \frac{1}{2} F \times \Delta l \qquad (5 - 31)$$

单元应变能敏感度表达式为

$$a_i = - \frac{1}{2} U^{\mathrm{T}} \Delta K U \qquad (5 - 32)$$

式中,U 表示结构的节点位移向量;ΔK 表示结构总刚矩阵的变化量。

　　当消除单元 i 时,$\Delta K = \tilde{K} - K = - K_i$,当增加单元 i 时,$\Delta K = \tilde{K} - K = K_i$,$\tilde{K}$ 为变化后的结

构总刚度矩阵,K 为变化前的结构总刚度矩阵,结构总刚度矩阵的变化量只与消除或增加的单元刚度有关,可得

$$\alpha_i = -\frac{r}{2}\boldsymbol{u}_i^{\mathrm{T}}\boldsymbol{K}_i\boldsymbol{u}_i \tag{5-33}$$

当增加单元 i 时,$r=1$。式中 $\boldsymbol{K}_i$ 和 $\boldsymbol{u}_i$ 分别表示 i 单元刚度矩阵和 i 单元相关的节点位移向量。某单元被撤除或增加时,结构应变能发生变化,单元应变能敏感度可近似看成结构应变能变量,即

$$\alpha_i \approx C - C_0 \tag{5-34}$$

式中,C 和 C_0 分别为改变单元后和改变前的应变能。

5.7.2 算例分析

1. 平面悬臂桁架

以图 5-9 平面悬臂桁架为例:整体坐标系原点取在点 1,集中荷载 P 作用于点 6,方向竖直向下,加载方式为逐级加载,从 0 N 至 90 000 N,5000 为一级。假设在线弹性范围内各杆截面面积 A 和弹性模量 E 都相同(取 $E = 206$ GPa,$A = 1\ 000$ mm^2),分别考虑只增加单元 10、只增加单元 11 及共同增加单元 10 和单元 11 的单元应变能敏感度,即考虑只增加单元 10、只增加单元 11 及共同增加单元 10 和单元 11 结构应变能变化。

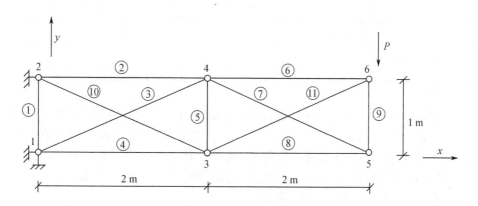

图 5-9 平面悬臂桁架

由于在加载某一级荷载时上一级荷载在此级荷载所产生的位移上持续做功,因此每一级荷载所产生应变能为此级荷载以上的荷载之和与此级荷载所产生的位移的乘积加上此级荷载与其位移乘积的一半。利用 MATLAB 编程计算不同荷载情况下四种不同结构工况下结构的应变能随荷载变化的变化见表 5-12。

表 5-12 四种工况下平面悬臂桁架结构应变能变化

荷载步/N	初始状态/(N·m)	增加单元 10/(N·m)	增加单元 11/(N·m)	增加单元 10 和单元 11/(N·m)
0	0.00	0.00	0.00	0.00
5 000	4.33	3.78	3.76	3.14
10 000	30.31	26.45	26.07	21.95

表 5 - 12(续)

荷载步/N	初始状态/(N·m)	增加单元10/(N·m)	增加单元11/(N·m)	增加单元10和单元11/(N·m)
15 000	95.28	83.12	81.85	69.00
20 000	216.58	188.96	186.01	156.87
25 000	411.59	359.14	353.49	298.17
30 000	697.70	608.88	599.24	505.57
35 000	1 092.38	953.48	938.32	791.78
40 000	1 613.10	1 408.28	1 385.77	1 169.60
45 000	2 277.42	1 988.70	1 956.75	1 651.93
50 000	3 102.92	2 710.23	2 666.55	2 251.71
55 000	4 107.30	3 588.45	3 530.43	2 981.99
60 000	5 308.30	4 639.09	4 563.88	3 855.93
65 000	6 723.74	5 877.84	5 782.44	4 886.87
70 000	8 371.55	7 320.65	7 201.77	6 088.23
75 000	10 269.67	8 983.44	8 837.73	7 473.63
80 000	12 436.18	10 882.19	10 706.25	9 056.73
85 000	14 889.24	13 033.13	12 823.62	10 851.35
90 000	17 646.98	15 452.42	15 206.07	12 871.64

为了直观地表现出增加杆件对结构应变能的影响,四种工况下平面悬臂桁架结构应变能变化曲线如图 5 - 10 所示。可知,增加单元 10 或增加单元 11 或同时增加单元 10 和 11 可以提高结构的刚度,而且在线弹性范围内,这种提高强度优势随着荷载的增大而增大。其中增加单元 11 比增加单元 10 提高的刚度大,而同时增加单元 10 和单元 11 比单一增加单元 10 或单元 11 能获得更大的刚度提高。

应变能的敏感度可以表征一个杆件对结构刚度贡献程度,单元应变能敏感度变化曲线如图 5 - 11 所示。

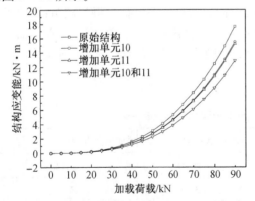

图 5 - 10 四种工况下平面悬臂桁架结构应变能变化曲线

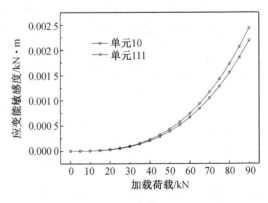

图 5 - 11 单元应变能敏感度变化曲线

由图 5 - 11 可以得出随着加载荷载的增大,单元的敏感度提高,单元 10 的敏感度高于单元 11 的敏感度,且两者敏感度的差距随着加载荷载的增大而增大。从刚度矩阵的角度考虑,对于此钢桁架悬臂结构,由于结构只有节点 6 受到 y 轴负向的集中荷载,所以刚度矩阵中节点 6 位置处的刚度值很大程度地决定了节点 6 的位移,单元 11 的存在增加了结构刚度矩阵中节点 6 位置处的刚度,从而使节点 6 的位移减小,单元 10 的存在也增大了结构刚度矩阵中节点 2 和 3 位置处的刚度值,使得结构的总刚度增加,应变能减小。但由于结构所受荷载集中在节点 6,则相对于单元 11 的存在,单元 10 的存在对节点 6 处刚度值的贡献大,使得单元 11 能比单元 10 较大地减少结构应变能的增加,即单元 11 的应变能敏感度高于单元 10 的应变能敏感度。对于钢桁架悬臂结构,单元 10 对结构刚度的贡献高于单元 11,则在实际工程中应更加重视对单元 10 的设计或检测。

2. 星型桁架

仍以图 5 - 6 空间星型桁架为例,各点坐标有所改变,见表 5 - 13,集中荷载 P 作用于 13 点,方向为 z 轴负方向,加载方式为逐级加载,从 0 N 至 1 000 N,50 N 为一级,假设在线弹性范围内,各杆截面面积 A 和弹性模量 E 都相同(取 E = 206 GPa,A = 0.000 096 m^2),分别考虑消除单元 1、单元 13、单元 19 的单元应变能敏感度,其中单元 1 为支座杆,单元 13 为环向杆,单元 19 为径向杆。利用 MATLAB 编程计算四种不同工况下星型桁架结构的应变能变化如图 5 - 12。

表 5 - 13　空间星型桁架节点坐标　　　　　　　单位:mm

节点号	x 坐标	y 坐标	z 坐标
1	- 0.750	- 1.299	- 0.300
2	- 1.500	0.000	- 0.300
3	- 0.750	1.299	- 0.300
4	0.750	1.299	- 0.300
5	1.500	0.000	- 0.300
6	0.750	- 1.299	- 0.300
7	- 0.750	- 0.433	0.000
8	- 0.750	0.433	0.000
9	0.000	0.866	0.000
10	0.750	0.433	0.000
11	0.750	- 0.433	0.000
12	0.000	- 0.866	0.000
13	0.000	0.000	0.050

图 5 - 12 为弹性范围内星型桁架结构在初始状态,移除单元 1、移除单元 13 和移除单元 19 下,结构应变能随着加载荷载增加的变化。初始状态和移除单元 1 的情况下,结构应变能在 700 N 时突然增大,此后又继续缓慢增加。通过 MATLAB 程序计算得出,对于此两

种状态,在坐标随动的情况下,加载荷载达到 700 N 时,节点 13 会出现较大的位移,结构发生跳跃失稳,因此其应变能会突然增大。由于结构一直处于弹性状态,发生跳跃失稳后,结构状态改变,结构刚度矩阵也随之变化,之后结构内力重分布,继续承载,在之后的受力过程中应变能持续增大直至结构进入塑性状态破坏阶段。对于移除单元 13 的情况,结构应变能在 600 N 时突然剧增,由计算结果得此时节点 13 的 z 向位移达到 3.473 m,由于结果是在线弹性假设下计算得到的,故此时结构已经进入塑性破坏阶段,此后的数据已失真。同理,对于移除单元 19 的情况,结构应变能在 400 N 时突然剧增,此时结构已经被破坏。

通过试验可得试验加载过程中杆件应变的变化,可根据下式求得

$$V_\varepsilon = \frac{1}{2}F \cdot \Delta l = \frac{1}{2}EAl\varepsilon^2 \tag{5-35}$$

由于施加荷载后,结构初始数据不稳定,故提取每个荷载步中稳定的数据,将试验数据与理论分析的数据进行对比,如图 5-13 所示。

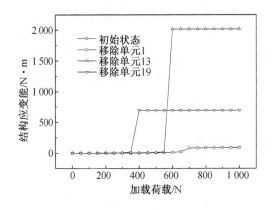

图 5-12 不同工况下星型桁架结构的应变能变化曲线　　**图 5-13** 空间星型桁架结构应变能对比曲线

由图 5-13 可得试验和理论分析所得结构均在 700 N 时发生跳跃失稳,且由试验数据计算可得 700 N 时杆件最大应力为 49.7 N/mm²,杆件均处于弹性状态,即此时结构只是发生跳跃失稳并未真正被破坏。由于试验条件,仅得到了 700 N 之前的试验数据,理论分析方面,通过计算可得 700 N 时杆件的最大应力为 43.1 N/mm²,即此时与试验结果一致,杆件均处于弹性状态,二者的误差主要集中在失稳前的荷载,理论值分析得到失稳前结构的应变能逐渐增大,而试验的结果在跳跃失稳前几乎无征兆,失稳过程很突然。分析可能是由于螺栓铰接的作用,随着结构位移的增大,螺栓螺帽与角钢的摩擦力增大,使得跳跃失稳前结构的刚度提高,结构的应变能增量较小。而当荷载达到跳跃失稳荷载时结构应变能会突然增大,按照理论分析的结论可得,如果试验条件允许,跳跃失稳过程发生后结构内力重分布可继续承载,如果继续加载,其应变能变化趋势应该与理论分析曲线 700 N 后的变化趋势一致。

图 5-13 为四种不同工况下结构应变能敏感度的变化,其中单元 13 和单元 19 均为被破坏之前的应变能。一方面,从图中可以看出对于相同的荷载单元 19 的应变能敏感度高于单元 13 的应变能敏感度。而单元 13 的应变能敏感度大于单元 1 的应变能敏感度,则对于此结构单元 19 对结构刚度的贡献大于单元 13 的贡献,单元 13 对结构刚度的贡献大于单元

1 的贡献,则在实际的工程中,应该严格控制应变能敏感度高的杆件,并加强对应变能敏感度高的杆件进行定期检测,以确定结构的承载能力;另一方面,对于单元13和单元19,其在被结构破坏之前,应变能敏感度均随荷载的增大而增大,且在结构被破坏的前一级荷载时,结构应变能敏感度增加率达到最大。

由于数据大小的差异,使得单元1的应变能敏感度的变化在图5-14中表现得不明显,故将单元1的应变能敏感度的变化单独表现在图5-15中。

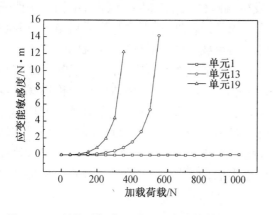

图5-14　结构破坏前三种工况应变能敏感度变化曲线

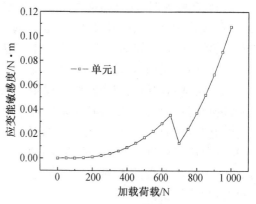

图5-15　单元1应变能敏感度变化曲线

由图5-15可得,对于单元1,结构在发生跳跃失稳前,其应变能敏感度随荷载增大而增大,发生跳跃失稳时,由于原始结构和移除单元1的结构均在700 N时发生跳跃失稳,这一过程结构的应变能突然增大,这种应变能的增大程度大于由于移除单元1所引起的应变能变化。所以,在发生跳跃失稳的过程中,移除单元1对结构应变的影响比前一级荷载对应变能的影响小,即在荷载为700 N时,单元1的应变能敏感度会降低,但此后随着结构重新稳定,恢复承载能力,单元1的应变能敏感度又随着荷载增大而增大。

从以上的分析可以得出,对于空间星型桁架结构,在只有中心节点受竖向力的作用时,径向杆(单元19)对荷载的敏感度高于环向杆(单元13),而环向杆(单元13)高于支座杆(单元1),则在结构设计时应加强环向杆和径向杆的设计,施工时严格控制环向杆和径向杆的质量,保证结构的刚度,且在后期的使用中加强对环向杆和径向杆的监测。

5.8　星型桁架结构刚度矩阵分析

5.8.1　星型桁架结构刚度矩阵的向量化分析

将一个矩阵的各列依次连接起来变成一个列向量,这个列向量称为这个矩阵的向量函数。由于结构刚度矩阵中的每一值均代表刚度值,所以通过将刚度矩阵的向量函数中的每个值平方相加后再开方得到一个数值,此值称为向量函数值。在 n 维欧几里得空间中,行列式描述的是一个线性变换对"体积"所造成的影响,对于一个二维的有向欧几里得空间,行列式表示两个向量形成的平行四边形的有向面积,对于一个三维的有向欧几里得空间,行列式表示三个向量形成的平行六面体的有向体积,也叫做这三个向量的混合积。对于 n

维欧几里得空间,行列式描述的是一个线性变换对"体积"所造成的影响。星型结构加载过程中结构刚度矩阵的行列式会随节点位移的变化而变化,通过分析行列式的变化来分析其刚度的变化。对于结构原始刚度矩阵,由于没有引入约束条件,所以其为奇异矩阵,矩阵行列式始终为零,所以只研究缩刚矩阵的行列式。

图 5-16 为空间星型桁架结构加载变形图,其初始状态如图 5-16(a),图 5-16(b)为荷载为 350 N 时结构的竖向变形图,可以看出此时中心节点有一定位移,但不明显,但当荷载加载到 700 N 时,此时结构发生跳跃失稳,发生跳跃失稳,如图5-16(c),结构发生明显的变形,结构中心节点的位移较大,但此时结构并未进入塑性,跳跃失稳完成后结构重新稳定,能够继续承载,如图 5-16(d),结构在失稳继续承载,且此后结构在荷载的作用下产生的变形较小,中心节点的位移也不明显。结构刚度矩阵包括结构原始刚度矩阵和缩刚矩阵,所以向量函数包括结构原始刚度矩阵和缩刚矩阵,对于星型桁架结构其结构缩减刚度矩阵的行列式较大,所以将其开 n 次方处理,n 为缩刚矩阵维数,此值和向量函数值均称为结构刚度矩阵的数学值。为研究原始刚度矩阵向量函数的值、缩减刚度矩阵的行列式和缩刚矩阵向量函数值三者随结构荷载的变化,将此三值分别归一化处理,即将各自的数值除以该组中的最大值,然后观察其变化情况,其他也类似,如图 5-17 为星型桁架结构加载过程中数学值的变化。

(a)　　　　　　　　　　　　　　(b)

(c)　　　　　　　　　　　　　　(d)

图 5-16　空间星形桁架结构加载变形图

(a)初始状态;(b)350 N 时结构状态;(c)700 N(失稳)时结构状态;(d)950 N 时结构状态

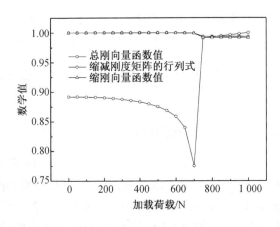

图 5-17　星型桁架加载过程数学值的变化曲线

从图 5-17 中可以看出总刚向量函数值和缩刚向量函数值均随着荷载的增加而减小,

特别是在结构发生跳跃失稳的过程成其有较大的减小,可理解为由于发生跳跃失稳的过程中结构发生较大的位移,使得结构节点在整体坐标中的坐标发生了变化,进而导致结构刚度矩阵发生了较大的变化。随着结构节点位移的增大,结构的刚度变小,则刚度矩阵中的刚度值减小,使得刚度矩阵的向量函数值减小。结构在 700 N 时发生跳跃失稳,缩减刚度矩阵的行列式在发生跳跃失稳前随着荷载的增大而减小,且在发生跳跃失稳前有较明显的减小,失稳过程中发生剧减,随后下一级剧增,此后开始较缓慢地增加,从图 5 – 17 中可以明显看出失稳过程缩减刚度矩阵的行列式发生急剧的变化。

5.8.2 杆件移除后结构的刚度矩阵数学值分析

1. 移除单元 1

图 5 – 18 为移除单元 1 后加载过程的结构变形图,其中图 5 – 18(a)为移除单元 1 的结构俯视图。移除单元 1 后,结构随荷载的变化情况与未移除前结构的变化过程类似,结构在荷载为 700 N 时发生跳跃失稳,之后结构重新稳定,仍然具有承载能力,经过归一化处理后绘制其数学值的变化如图 5 – 19 所示。

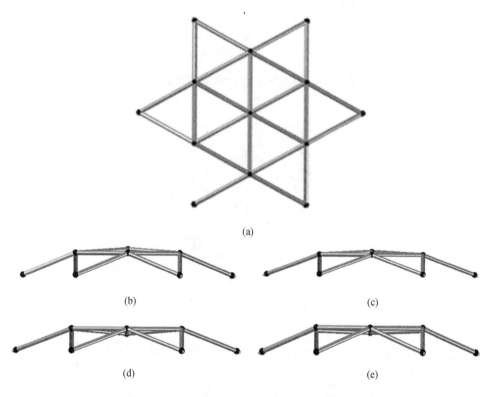

(a)

(b)   (c)

(d)   (e)

图 5 – 18　移除单元 1 后加载过程的结构变形图
(a)移除单元 1 的结构俯视图;(b)初始状态前视图;(c)350 N 时结构状态;
(d)700 N(破坏)结构状态;(e)950 N 时结构状态

从图 5 – 19 中可以看出,对于移除单元 1 的星型结构,其总刚向量函数值、缩减刚度矩阵的行列式、缩刚向量函数值的变化趋势与未移除单元 1 的结构大致相同,则其结论也与未移除单元 1 的结构基本一致。

2. 移除单元 13

图 5-20 为移除单元 13 后结构加载过程中的结构变形图,其中图 5-20(a)为移除单元 13 的结构俯视图,图 5-20(c)为结构达到 300 N 时结构的变形图,由于结构的破坏荷载为 600 N,所以 300 N 时结构已经产生较明显的变形。当荷载达到 550 N 时,此时结构中心节点几乎处于环向节点所在的平面内,此时结构接近瞬变体系,所以当荷载再增加 50 N,即荷载达到 600 N 时结构杆件应力超过屈服极限,结构进入塑性阶段,产生很大的位移,直至倒塌破坏。经过归一化处理其变化过程中的数学值后绘制其数学值的变化如图 5-21 所示。

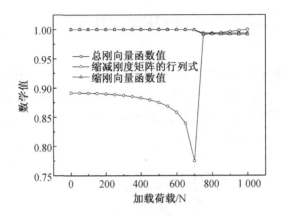

图 5-19　移除单元 1 后结构数学值的变化

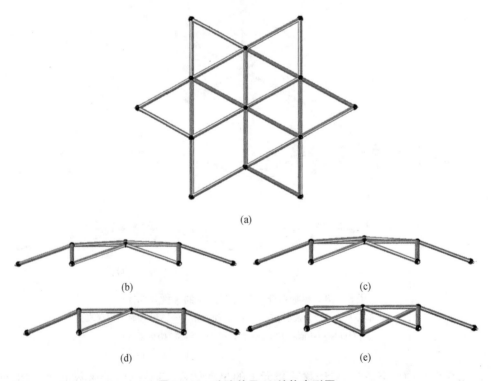

(a)

(b)　　　　　　　　　(c)

(d)　　　　　　　　　(e)

图 5-20　移除单元 13 结构变形图

(a)移除单元 13 的结构俯视图;(b)初始状态前视图;(c)300 N 时结构状态;

(d)550 N 时结构状态;(e)600 N(破坏)时结构状态

由图 5 - 20 可以看出移除单元 13 与原始结构的数学值随荷载的变化趋势大致相同,但其在破坏荷载时的突变程度不同。移除单元 13 后结构在 600 N 时发生破坏,且此时不仅仅为简单的跳跃失稳,而是由于跳跃失稳引起的结构连续倒塌。结构在此时进入塑性阶段,整体倒塌破坏,在破坏过程中三个数学值均有较大的突变。如图 5 - 21 所示。

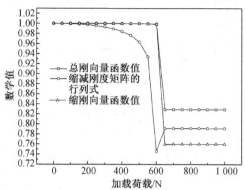

图 5 - 21　移除单元 13 后结构数学值变化

3. 移除单元 19

图 5 - 22 为移除单元 19 后结构加载过程中的结构变形图,其中图 5 - 22(a)为移除单元 19 的结构俯视图。荷载达到 350 N 时,结构中径向杆在坐标系中接近水平状态,此时结构接近瞬变体系,稍加外结构就能产生很大的位移。因此,荷载达到 400 N 时,结构部分杆件进入塑性状态破坏,将数学值经过归一化处理后绘制变化曲线,如图 5 - 23 所示。

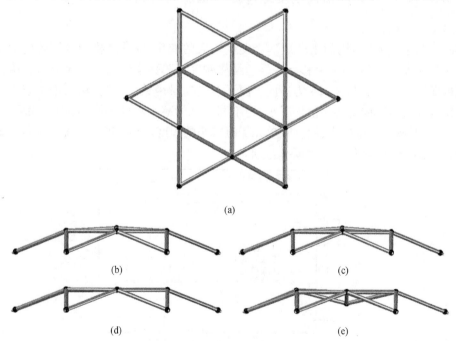

(a)

(b)　　　　　　　　　　　　　(c)

(d)　　　　　　　　　　　　　(e)

图 5 - 22　移除单元 19 后结构加载过程中的结构变形图

(a)移除单元 19 的结构俯视图;(b)初始状态;(c)200 N 时结构状态;

(d)350 N 时结构状态;(e)400 N(破坏)时结构状态

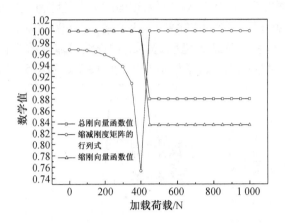

图 5 – 23　移除单元 19 结构矩阵值变化曲线

由图 5 – 22 可以看出移除单元 19 与移除单元 13 的数学值随荷载的变化趋势大致相同,其破坏形式也大致相同,不同之处为破坏荷载,移除单元 19 后结构在 400 N 时进入塑性阶段破坏。

综上所述,移除杆件后结构刚度矩阵的数学值的变化趋势基本保持不变,只是由于移除杆件后结构的承载力发生了变化,即其破坏荷载和突变的位置发生变化,变化程度发生了改变,且均在结构破坏过程中发生突变。

5.8.3　移除杆件对结构刚度矩阵数学值影响分析

1. 总刚向量函数值

移除杆件后,由于结构的刚度矩阵会发生较大的变化,则其结构刚度矩阵的数学值也会相应地发生变化,可通过研究移除杆件后结构刚度矩阵数学值的变化来分析移除杆件对结构刚度矩阵的影响。图 5 – 24 为不同工况下总刚向量函数值变化,从图中可以看出移除杆件后结构刚度矩阵向量函数值均减小,但不同工况的减小程度不同,其中移除单元 13 或移除单元 19 时减小程度较大,而移除单元 1 时减小的程度较小。四种工况均在结构破坏时有突变,且突变形式相似,只是程度有差别。

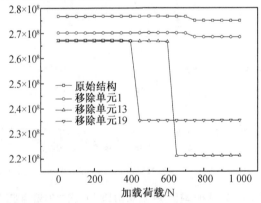

图 5 – 24　不同工况下总刚向量函数值变化曲线

2．缩减刚度矩阵的行列式

图 5－25 为结构在移除单元后结构的缩减刚度矩阵的行列式的变化,从图中可以看出,移除单元后缩减刚度矩阵的行列式均减小,但不同工况的减小程度不同,其中移除单元 19 时减小程度较大,而移除单元 1 和移除单元 13 时减小的程度较小。四种工况在结构破坏时仍会有突变,且突变的形式相似:在结构破坏之前,其值先突然下降,此后再增加一级荷载时,结构的缩减刚度矩阵的行列式会突然增大,此后再增加荷载,其值逐渐平缓,不再发生突变。

3．缩减刚度矩阵的向量函数值

从图 5－26 中可以看出移除杆件后结构刚度矩阵向量函数值均减小,不同工况时减小程度不同,其中移除单元 13 或移除单元 19 时减小程度较大,而移除单元 1 时减小的程度较小,其变化形式与总刚向量函数值相似,但其值均小于对应工况的总刚向量函数值。

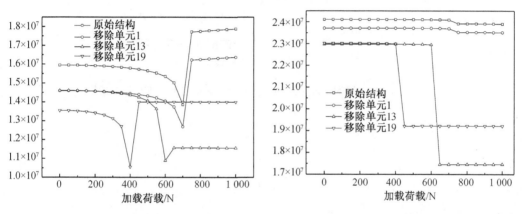

图 5－25　不同工况下缩减刚度矩阵的行列式的　图 5－26　不同工况下缩减刚度向量函数值的变
　　　　　变化曲线　　　　　　　　　　　　　　　　　化曲线

综上所述,移除杆件对结构的总刚向量函数值、行列式、缩减刚度矩阵的向量函数的影响较大,移除刚件后结构的刚度变小,结构的刚度矩阵发生变化,结构矩阵的数学值均减小。其中对于向量函数值,移除单元 13 和移除单元 19 在结构被破坏前均降至几乎相同的大小,对于行列式,移除单元 1 和移除单元 13 在初始几级荷载时变化趋势几乎相同,整体来说,移除杆件降低了数学值的大小,但不改变其变化趋势。

5.8.4　缩减刚度矩阵的行列式变化率分析

从上节的分析中可以看出,结构在发生破坏或跳跃失稳时结构刚度矩阵的数学值会发生突变。结构刚度矩阵的数学值的变化是由于节点位移引起的,反过来可以说刚度矩阵的数学值的变化可以在一定程度上反映节点位移的变化。在对总刚向量函数值、缩减刚度矩阵的行列式、缩刚向量函数值的研究中可以发现,总刚向量函数值和缩刚向量函数值虽然在结构被破坏或失稳过程中有突变,但其值变化太突然,无法通过其值的变化来预测其破坏的过程,而对于缩减刚度矩阵的行列式而言,其在结构发生失稳或被破坏前有较明显的变化,所以拟通过此值的变化来表征其破坏过程,如图 5－27 为不同工况下结构缩减刚度矩阵的行列式变化率曲线。

从图 5－27 可以得出,在弹性范围内,缩减刚度矩阵的行列式变化率在结构失稳或被破坏时会发生突变,且其突变的程度较大,之后其值恢复稳定,变化不大。但是在结构发生失稳或被破坏的前一级荷载时,其结构缩减刚度矩阵的行列式变化率会有明显的变化,不同工况时的前一级荷载的位移,也就是说在结构被破坏之前结构刚度矩阵的变化可以通过行列式的变化表现出来,所以通过计算结构加载过程的缩减刚度矩阵的行列式变化率的变化,可以将此值作为预测星型桁架结构被破坏的参考值。

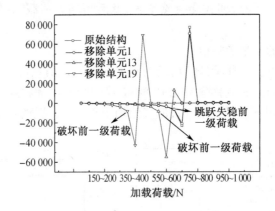

图 5 – 27   不同工况下结构缩减刚度矩阵的行列式变化率曲线

第6章　空间杆系结构的
三阶共失效理论

由于实际应用的需求精度较低,所以系统的失效概率一般都是在单个失效模式的失效概率的基础上进行估值。其计算虽然简单,但其失效概率及上、下界的间隔通常非常大,因此随着精度要求的提高,其应用也受到了极大的限制。后来,Tendinitis 提出了二阶界限法,该方法依靠所有的单阶失效模式的失效概率和任意两个失效模式同时失效的二阶共失效概率计算出系统的失效概率的上、下界,极好地解决了当时的应用需求。到了近几十年,随着计算技术的快速发展,对估值精度的要求也在不断提高,冯元生教授提出的计算系统可靠性的改进方法,较好地解决了计算精度的问题。本章将利用串联系统三阶界限的上、下界公式,并参考二阶、三阶共失效概率的研究成果,利用 MATLAB 编制相关计算程序,对空间杆系结构的三阶共失效理论展开研究。

6.1　三阶共失效理论

6.1.1　三阶可靠性界限方法

若一个串联结构系统有 n 个失效模式,则该结构系统的失效事件可以表示为

$$E = E_1 \cup E_2 \cup \cdots \cup E_n \tag{6-1}$$

式中,E 表示结构系统失效事件;E_i 表示第 i 个失效模式的发生,$i=1,2,3,\cdots,n$。

为了推导方便,把结构系统失效事件 E 表示为互斥事件的交集,即

$$E = E_1 \cup E_2 \overline{E_1} \cup E_3 \overline{E_2 E_1} \cup \cdots \cup E_n \overline{E_{n-1} \cdots E_2 E_1} \tag{6-2}$$

显然

$$\overline{E_{i-2} \cdots E_2 E_1} = \overline{E_1} \cup \overline{E_2} \cup \cdots \cup \overline{E_{i-2}} \tag{6-3}$$

所以

$$E_i \overline{E_{i-1} \cdots E_2 E_1} = E_i \overline{E_{i-1}} (\overline{E_1} \cup \overline{E_2} \cup \cdots \cup \overline{E_{i-2}}) \tag{6-4}$$

又有

$$E_i \overline{E_{i-1}} (\overline{\overline{E_1} \cup \overline{E_2} \cup \cdots \cup \overline{E_{i-2}}}) \cup E_i \overline{E_{i-1}} (\overline{E_1} \cup \overline{E_2} \cup \cdots \cup \overline{E_{i-2}}) = E_i \overline{E_{i-1}} \tag{6-5}$$

所以失效概率可以表示为

$$P(E_i \overline{E_1 E_2 \cdots E_{i-1}}) = P(E_i \overline{E_{i-1}}) - P(E_i \overline{E_{i-1}} E_1 \cup E_i \overline{E_{i-1}} E_2 \cup \cdots \cup E_i \overline{E_{i-1}} E_{i-2}) \tag{6-6}$$

又因为

$$P(E_i \overline{E_{i-1}} E_1 \cup E_i \overline{E_{i-1}} E_2 \cup \cdots \cup E_i \overline{E_{i-1}} E_{i-2}) \leqslant P(E_i \overline{E_{i-1}} E_1) +$$

$$P(E_i \overline{E_{i-1}} E_2) + \cdots + P(E_i \overline{E_{i-1}} E_2) \tag{6-7}$$

$$P(E_i \overline{E_{i-1}} E_j) = P(E_i E_j) - P(E_i E_{i-1} E_j) \tag{6-8}$$

式中, $j = 1, 2, \cdots, i-2$。

$$P(E_i \overline{E_{i-1}}) = P(E_i) - P(E_i E_{i-1}) \tag{6-9}$$

由式(6-6)、式(6-7)、式(6-8)和式(6-9)可以得到

$$P(E_i \overline{E_1} \overline{E_2} \cdots \overline{E_{i-1}}) \geqslant P(E_i) - \sum_{j=1}^{i-1} P(E_i E_j) + \sum_{j=1}^{i-2} P(E_i E_{i-1} E_j) \tag{6-10}$$

也可以表示为

$$P(E_i \overline{E_1} \overline{E_2} \cdots \overline{E_{i-1}}) \geqslant P(E_i) - \sum_{j=1}^{i-1} P(E_i E_j) + \sum_{i-2} P(E_i E_j E_j) \tag{6-11}$$

因为概率值为非负数,所以有

$$P(E_i \overline{E_1} \overline{E_2} \cdots \overline{E_{i-1}}) \geqslant \max \left\{ P(E_i) - \sum_{j=1}^{i-1} P(E_i E_j) + \max_{r \in (1,2,\cdots,i-2)} \sum_{i-2} P(E_i E_r E_j) ; 0 \right\} \tag{6-12}$$

由式(6-2)和式(6-12)可以得到系统失效概率的下限值为

$$P(E) \geqslant P(E_1) + P(E_2) - P(E_1 E_2) +$$
$$\sum_{i=3}^{n} \max \left\{ P(E_i) - \sum_{j=1}^{i-1} P(E_i E_j) + \max_{r \in (1,2,\cdots,i-1)} \sum_{i-1} P(E_i E_r E_j) ; 0 \right\} \tag{6-13}$$

另一方面

$$P(E_i \overline{E_1 E_2 \cdots E_{i-1}}) \leqslant P(E_i \overline{E_j E_r}) \tag{6-14}$$

由式(6-8)、式(6-9)及式(6-14)可得

$$P(E_i \overline{E_1 E_2 \cdots E_{i-1}}) \leqslant$$
$$P(E_i) - \max_{r \in (2,3,\cdots,i-1) \atop j < r} \left\{ P(E_i E_r) + P(E_i E_j) - P(E_i E_r E_j) \right\} \tag{6-15}$$

再结合式(6-2),可得结构系统的失效概率上限值为

$$P(E) \leqslant P(E_1) + P(E_2) - P(E_1 E_2) +$$
$$\sum_{i=3}^{n} \left\{ P(E_i) - \max_{r \in (2,3,\cdots,i-1) \atop j < r} \left[P(E_i E_r) + P(E_i E_j) - P(E_i E_r E_j) \right] \right\} \tag{6-16}$$

式(6-13)和式(6-16)就是串联系统的三阶失效概率的界限。

6.1.2 多阶共失效概率

式(6-12)式(6-16)表示了单个构件可靠度和其结构体系失效概率一一对应的关系,对于有 n 个失效模式的结构体系,把任意两个不同失效模式 i, j 同时发生的概率叫做二阶共失效概率,用 P_{ij} 表示。显然有

$$P_{ij} = P(E_i E_j) \tag{6-17}$$

同理,把任意三个不同失效模式 i, j, k 同时发生的概率叫做三阶共失效概率,用 P_{ijk} 表示。

同理

$$P_{ijk} = P(E_i E_j E_k) \tag{6-18}$$

若结构体系每个失效模式对应的随机变量均符合正态分布,则其任意一个二阶共失效概率和三阶共失效概率的计算公式如下式所示。

$$P_{ij} = \int_{-\infty}^{-\beta_i} \Phi\left(\frac{-\beta_j - \rho t}{\sqrt{1-\rho^2}}\right)dt \tag{6-19}$$

$$P_{123} = \int_{-\infty}^{\infty} \varphi(t) \prod_{i=1}^{3} \Phi\left(-\frac{m_i - \lambda_i t}{\sqrt{1-\lambda_i^2}}\right)dt \tag{6-20}$$

式中 β_i——第 i 个失效模式对应的可靠度;

β_j——第 j 个失效模式对应的可靠度;

ρ——两个失效模式随机变量的相关性系数;

λ_i——对应的第 i 个失效模式的重要性系数。

且 $\rho_{ij} = \lambda_i \lambda_j$,此处 λ_i 是为求解上述共失效概率而引入的近似值。

6.1.3 算例分析

算例1:已知具有4种失效模式的结构系统,条件见表6-1。

表6-1 算例1已知条件

序号	可靠度	重要性系数
1	1.0	0.9
2	1.2	0.8
3	1.4	0.7
4	1.6	0.6

计算各阶失效概率如下所示。

(1)单阶失效概率

$$P_1 = 0.1587, P_2 = 0.1151, P_3 = 0.0808, P_4 = 0.0548$$

(2)二阶共失效概率

$$P_{12} = 0.0700, P_{13} = 0.0468, P_{14} = 0.0297, P_{23} = 0.0342, P_{24} = 0.0219, P_{34} = 0.0151$$

(3)三阶共失效概率

$$P_{123} = 0.0277, P_{124} = 0.0176, P_{134} = 0.0122, P_{234} = 0.0096$$

根据式(6-13)计算出失效概率下界

$$P_f \geq P_1 + P_6 - P_{12} + \max\{P_6 - P_{31} - P_{32} + P_{123}; 0\} +$$

$$\max\{P_6 - P_{41} - P_{46} - P_{43} + \max(P_{124} + P_{134}, P_{124} + P_{234}, P_{134} + P_{234}); 0\} = 0.2492$$

根据式(6-16)计算失效概率上界,即

$$P_f \leq P_1 + P_6 - P_{12} + P_6 - (P_{31} + P_{36} - P_{123}) + P_4 -$$

$$\max(P_{42} + P_{41} - P_{421}, P_{43} + P_{41} - P_{431}, P_{43} + P_{46} - P_{432}) = 0.2521$$

故

$$0.249\ 2 \leqslant P_f \leqslant 0.252\ 1$$

算例 2：对于如图 6 - 1 所示的平面结构体系，其图 6 - 1(a)表示静定结构，共有 5 根杆件，分布变化；图 6 - 1(b)表示的是超静定结构，是在图 6 - 1(a)的基础上加上一根杆件所构成的。由于此超静定结构比静定结构冗余度增加，故可以直接得出其结构体系可靠度比后者要高，即结构体系失效概率值较低。为了利用三阶共失效概率计算增加杆件前后的结构体系失效概率，需要假定一些初始参数值。为了简化计算结果，假设增加杆件前后各类杆件的可靠度不变，重要性系数不变。表 6 - 2 列出了算例 2 的已知初始条件。

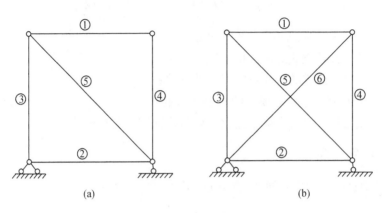

图 6 - 1　算例 2 平面结构体系图示

(a)静定结构图；(b)超静定结构

把每个杆件的失效作为一个失效模式，则静定结构共有 5 个失效模式，超静定结构共有 6 个失效模式。利用式(6 - 13)、式(6 - 19)、式(6 - 20)和式(6 - 16)可以计算出增加杆件前后结构体系的失效概率界限。

对于静定结构，根据式(6 - 13)、式(6 - 19)和式(6 - 20)计算结果如下。

(1)单阶共失效概率

$P_1 = 0.115\ 1, P_2 = 0.115\ 1, P_3 = 0.158\ 7, P_4 = 0.158\ 7, P_5 = 0.211\ 9$。

(2)二阶共失效概率

$P_{12} = 0.081\ 0, P_{13} = 0.087\ 0, P_{14} = 0.087\ 0, P_{15} = 0.091\ 6, P_{23} = 0.087\ 0$

$P_{24} = 0.087\ 0, P_{25} = 0.091\ 6, P_{34} = 0.099\ 2, P_{35} = 0.109\ 3, P_{45} = 0.109\ 3$

表 6 - 2　算例 2 的已知条件

杆件编号	可靠度	重要性系数
1	1.2	0.95
2	1.2	0.95
3	1.0	0.90
4	1.0	0.90
5	0.8	0.85
6	0.8	0.85

（3）三阶共失效概率

$P_{123}=0.068\ 8$，$P_{124}=0.068\ 8$，$P_{125}=0.070\ 3$，$P_{234}=0.071\ 5$，$P_{235}=0.073\ 7$，
$P_{345}=0.079\ 9$，$P_{134}=0.071\ 5$，$P_{145}=0.073\ 7$，$P_{245}=0.073\ 7$，$P_{135}=0.073\ 7$。

根据式（6-13）计算出失效概率下界为

$$\begin{aligned}
P_f \geqslant & P_1 + P_6 - P_{12} + \max\{P_6 - P_{31} - P_{32} + P_{123}; 0\} + \max\{P_6 - P_{41} - P_{46} - P_{43} + \\
& \max(P_{124} + P_{134}, P_{124} + P_{234}, P_{134} + P_{234}); 0\} + \max\{P_6 - P_{51} - P_{56} - P_{56} - P_{54} + \\
& \max(P_{125} + P_{135} + P_{145}; P_{125} + P_{235} + P_{245}; P_{135} + P_{235} + P_{345}; P_{145} + P_{245} + P_{345}); 0\} \\
= & 0.268\ 6
\end{aligned}$$

根据式（6-16）计算失效概率上界为

$$\begin{aligned}
P_f \leqslant & P_1 + P_6 - P_{12} + P_6 - (P_{31} + P_{36} - P_{123}) + P_4 - \\
& \max(P_{42} + P_{41} - P_{421}, P_{43} + P_{41} - P_{431}, P_{43} + P_{46} - P_{432}) + P_5 - \\
& \max(P_{45} + P_{36} - P_{345}; P_{45} + P_{26} - P_{245}; P_{45} + P_{16} - P_{145}; \\
& P_{35} + P_{16} - P_{135}; P_{35} + P_{26} - P_{125}; P_{25} + P_{16} - P_{125}) \\
= & 0.276\ 4
\end{aligned}$$

故

$$0.268\ 6 \leqslant P_f \leqslant 0.276\ 4$$

对于超静定结构，在原有静定结构的基础上，只需计算下列共失效概率：

$P_6 = 0.211\ 9$，$P_{16} = 0.091\ 6$，$P_{26} = 0.091\ 6$，$P_{36} = 0.109\ 3$，$P_{46} = 0.109\ 3$
$P_{56} = 0.125\ 2$，$P_{126} = 0.070\ 3$，$P_{136} = 0.073\ 7$，$P_{146} = 0.073\ 7$，$P_{156} = 0.076\ 3$
$P_{236} = 0.073\ 7$，$P_{246} = 0.073\ 7$，$P_{256} = 0.076\ 3$，$P_{346} = 0.079\ 9$，$P_{356} = 0.084\ 7$
$P_{456} = 0.084\ 7$

根据式（6-13）计算出失效概率下界为

$$\begin{aligned}
P_f \geqslant & P_1 + P_6 - P_{12} + \max(P_6 - P_{31} - P_{32} + P_{123}; 0) + \\
& \max\{P_6 - P_{41} - P_{46} - P_{43} + \max(P_{124} + P_{134}, P_{124} + P_{234}, P_{134} + P_{234}); 0\} + \\
& \max\{P_6 - P_{51} - P_{56} - P_{56} - P_{54} + \max(P_{125} + P_{135} + P_{145}; P_{125} + P_{235} + P_{245}; \\
& P_{135} + P_{235} + P_{345}; P_{145} + P_{245} + P_{345}); 0\} + \max\{P_6 - P_{61} - P_{66} - P_{66} - P_{66} - P_{65} + \\
& \max(P_{612} + P_{613} + P_{614} + P_{615}; P_{621} + P_{623} + P_{624} + P_{625}; P_{631} + P_{632} + P_{634} + P_{635}; \\
& P_{641} + P_{642} + P_{643} + P_{645}; P_{651} + P_{652} + P_{653} + P_{654}); 0\} \\
= & 0.275\ 5
\end{aligned}$$

根据式（6-16）计算失效概率上界为

$$\begin{aligned}
P_f \leqslant & P_1 + P_6 - P_{12} + P_6 - (P_{31} + P_{36} - P_{123}) + P_4 - \\
& \max(P_{42} + P_{41} - P_{421}, P_{43} + P_{41} - P_{431}, P_{43} + P_{46} - P_{432}) + P_5 - \\
& \max(P_{45} + P_{36} - P_{345}; P_{45} + P_{26} - P_{245}; P_{45} + P_{16} - P_{145}; P_{35} + P_{16} - P_{135}; \\
& P_{35} + P_{26} - P_{125}; P_{25} + P_{16} - P_{125}) + P_6 - \max(P_{65} + P_{61} - P_{651}; P_{65} + P_{66} - P_{652}; \\
& P_{65} + P_{66} - P_{653}; P_{65} + P_{66} - P_{645}; P_{61} + P_{66} - P_{641}; P_{64} + P_{66} - P_{621}; P_{64} + P_{66} - P_{634}; \\
& P_{63} + P_{61} - P_{136}; P_{63} + P_{66} - P_{236}; P_{62} + P_{61} - P_{126}) \\
= & 0.278\ 3。
\end{aligned}$$

故

$$0.275\ 5 \leqslant P_f \leqslant 0.278\ 3$$

对于图（6-1），在静定结构中，除1号杆件外，其余任意一根杆件失效都能导致该静定

结构体系在某种工况下不能正常地起到支持作用;在超静定结构中,任意一个杆件的失效都将不能导致结构体系失效。

算例3:对于如图6-2所示的平面结构。

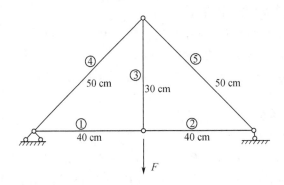

图6-2　算例3平面结构体系示意图

当 $F = 100$ N 时,计算得到个杆件的内力如下:

$$F_1 = 66.67 \text{ N}, F_2 = 66.67 \text{ N}, F_3 = 100 \text{ N}, F_4 = -83.33 \text{ N}, F_5 = -83.33 \text{ N}$$

正负号按照结构力学中相关规定取舍。为了定量地考察结构体系每根杆件的可靠度,在此引入参数 k, k 表示每根杆件在荷载作用下应力与长细比之比。假设该结构体系杆件横截面积相同,则有 $k_i = F_i / l_i$, l_i 是每个杆件的长度值。仅考虑该结构体系在图示荷载下结构体系的可靠性分析,则可以认为每根杆件的可靠度与其 k 值成正比。假设各类已知条件如下表6-3所示。

表6-3　算例3已知条件

杆件编号	k 值	可靠度	重要性系数
1	1.67	0.835	0.85
2	1.67	0.835	0.85
3	3.33	1.665	0.95
4	1.67	0.835	0.90
5	1.67	0.835	0.90

根据式(6-13)、式(6-19)和式(6-20)计算结果如下所示。

(1)单阶共失效概率

$$P_1 = 0.047\,5, P_2 = 0.047, P_3 = 0.000\,4, P_4 = 0.047\,5, P_5 = 0.047\,5$$

(2)二阶共失效概率

$$P_{12} = 0.019\,4, P_{13} = 0.000\,4, P_{14} = 0.021\,4, P_{15} = 0.021\,4, P_{23} = 0.000\,4$$

$$P_{24} = 0.021\,4, P_{25} = 0.021\,4, P_{34} = 0.000\,4, P_{35} = 0.000\,4, P_{45} = 0.023\,9$$

(3)三阶共失效概率

$$P_{123} = 0.000\,4, P_{124} = 0.013\,0, P_{125} = 0.013\,0, P_{234} = 0.000\,4, P_{235} = 0.000\,4$$

$$P_{345} = 0.000\,4, P_{134} = 0.000\,4, P_{145} = 0.014\,6, P_{245} = 0.014\,6, P_{135} = 0.000\,4$$

根据式(6-13)计算出失效概率下界为

$$P_f \geq P_1 + P_6 - P_{12} + \max\{P_6 - P_{31} - P_{32} + P_{123}; 0\} + \max\{P_6 - P_{41} - P_{46} - P_{43} +$$
$$\max(P_{124} + P_{134}, P_{124} + P_{234}, P_{134} + P_{234}); 0\} + \max\{P_6 - P_{51} - P_{56} - P_{56} - P_{54} +$$
$$\max(P_{125} + P_{135} + P_{145}; P_{125} + P_{235} + P_{245}; P_{135} + P_{235} + P_{345}; P_{145} + P_{245} + P_{345}); 0\}$$
$$= 0.097\ 4$$

根据式(6-16)计算失效概率上界为

$$P_f \leq P_1 + P_6 - P_{12} + P_6 - (P_{31} + P_{36} - P_{123}) + P_4 -$$
$$\max(P_{42} + P_{41} - P_{421}, P_{43} + P_{41} - P_{431}, P_{43} + P_{46} - P_{432}) + P_5 -$$
$$\max(P_{45} + P_{36} - P_{345}; P_{45} + P_{26} - P_{245}; P_{45} + P_{16} - P_{145}; P_{35} + P_{16} - P_{135};$$
$$P_{35} + P_{26} - P_{125}; P_{25} + P_{16} - P_{125})$$
$$= 0.118\ 7$$

故

$$0.097\ 4 \leq P_f \leq 0.118\ 7$$

此时若将所有杆件可靠度降低一半,即 1~5 号杆件可靠度分别为 0.835、0.835、1.67、0.835 和 0.835. 则根据式(1-13)、式(6-19)和式(6-20)计算结果如下所示。

(1)单阶共失效概率

$$P_1 = 0.201\ 9, P_2 = 0.201\ 9, P_3 = 0.047\ 5, P_4 = 0.201\ 9, P_5 = 0.201\ 9$$

(2)二阶共失效概率

$$P_{12} = 0.117\ 7, P_{13} = 0.042\ 9, P_{14} = 0.124\ 5, P_{15} = 0.124\ 5, P_{23} = 0.042\ 9$$
$$P_{24} = 0.124\ 5, P_{25} = 0.124\ 5, P_{34} = 0.045\ 0, P_{35} = 0.045\ 0, P_{45} = 0.132\ 4$$

(3)三阶共失效概率

$$P_{123} = 0.039\ 3, P_{124} = 0.091\ 1, P_{125} = 0.091\ 1, P_{234} = 0.041\ 0, P_{235} = 0.041\ 0$$
$$P_{345} = 0.042\ 9, P_{134} = 0.041\ 0, P_{145} = 0.097\ 3, P_{245} = 0.097\ 3, P_{135} = 0.041\ 0$$

根据式(6-13)计算出失效概率下界为

$$P_f \geq P_1 + P_6 - P_{12} + \max\{P_6 - P_{31} - P_{32} + P_{123}; 0\} + \max\{P_6 - P_{41} - P_{46} - P_{43} +$$
$$\max(P_{124} + P_{134}, P_{124} + P_{234}, P_{134} + P_{234}); 0\} + \max\{P_6 - P_{51} - P_{56} - P_{56} - P_{54} +$$
$$\max(P_{125} + P_{135} + P_{145}; P_{125} + P_{235} + P_{245}; P_{135} + P_{235} + P_{345}; P_{145} + P_{245} + P_{345}); 0\}$$
$$= 0.340\ 1$$

根据式(6-16)计算失效概率上界为

$$P_f \leq P_1 + P_6 - P_{12} + P_6 - (P_{31} + P_{36} - P_{123}) + P_4 -$$
$$\max(P_{42} + P_{41} - P_{421}, P_{43} + P_{41} - P_{431}, P_{43} + P_{46} - P_{432}) + P_5 -$$
$$\max(P_{45} + P_{36} - P_{345}; P_{45} + P_{26} - P_{245}; P_{45} + P_{16} - P_{145}; P_{35} + P_{16} - P_{135};$$
$$P_{35} + P_{26} - P_{125}; P_{25} + P_{16} - P_{125})$$
$$= 0.347\ 8$$

故

$$0.340\ 1 \leq P_f \leq 0.347\ 8$$

通过不同可靠度的验算,可以明显看出结构体系中杆件可靠度越高,则结构体系失效概率越低。在算例中,引入了系数 k,可以定义为杆件可靠度系数,在计算结构体系失效概率界限时,可参考该系数确定各杆件可靠度。

算例 4:对于如图 6-3 所示的平面桁架结构,本静定结构有 25 根杆件,每根杆件失效都将导致结构系统失效。为了研究结构系统失效概率与每根杆件可靠度的关系,在此可以假设每根杆件可靠度按一定规律逐渐增加,通过计算对应结构系统的失效概率界限来分析结构系统失效概率的变化。

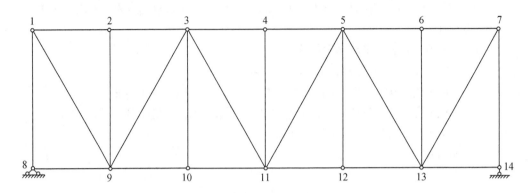

图6-3　算例4平面结构示意图

为了简化,可以将该结构系统的杆件分为三类,上弦杆记为 A 类,腹杆记为 B 类,下弦杆记为 C 类。在计算结构系统的失效概率界限时,主要未知量有两个:杆件的可靠度和杆件的重要性系数。本算例中主要是研究杆件可靠度与结构系统失效概率界限的关系,且考虑到在设计桁架结构时可以通过增加杆件的横截面积等人为地控制每个杆件的可靠度,故在计算中杆件的可靠度时可以任意地取值。至于杆件的重要性系数,由于现有研究的局限,可以先在不同重要性系数下计算每个杆件可靠度变化后结构系统失效概率界限的变化,再通过比较来排除杆件重要性系数的影响。各类杆件可靠度及重要性系数见表6-4。

表6-4　算例4各类杆件可靠度及重要性系数1

杆件类别	可靠度	重要性系数
A	1.4	0.9
B	1.2	0.8
C	1.0	0.7

为了研究可靠度变化导致的结构系统变化规律,所有杆件可靠度共有七种变化模式,它们分别如下所示:
(1)A 类杆件可靠度变化,其余杆件可靠度不变;
(2)B 类杆件可靠度变化,其余杆件可靠度不变;
(3)C 类杆件可靠度变化,其余杆件可靠度不变;
(4)A 类和 B 类杆件可靠度同时变化,其余杆件可靠度不变;
(5)A 类和 C 类杆件可靠度同时变化,其余杆件可靠度不变;
(6)B 类和 C 类杆件可靠度同时变化,其余杆件可靠度不变;
(7)A 类、B 类和 C 类杆件可靠度同时变化。

上述七种变化模式分别记为第一组至第七组,分别利用式(6-13)、式(6-19)和式(6-20)计算共失效概率,再利用式(6-12)和式(6-16)计算结构系统失效概率界限。考虑到单阶失效概率计算较简单,故在以下表格中将仅列出二阶共失效概率和三阶共失效概率界限的值。表6-5至表6-15分别列出了七组可靠度变化模式下各个共失效概率相应的值。在这些表格中,可靠度增量表示每类杆件的可靠度是在表6-4中的可靠度的基础上的增加量。表格中第一行中的几个字母表示该字母对应列是该类字母之间的共失效概率。

表6-5 第一组可靠度变化模式各类杆件共失效概率值1

增量	AA	AB	AC	AAA	AAB	AAC	ABB	ACC	ABC
0.2	0.044 6	0.004 6	0.046 8	0.032 1	0.035 1	0.017 2	0.030 4	0.030 0	0.030 1
0.4	0.028 3	0.003 5	0.034 6	0.019 7	0.023 8	0.012 6	0.024 6	0.023 6	0.024 0
0.6	0.017 2	0.002 5	0.024 5	0.011 6	0.015 3	0.008 7	0.018 9	0.017 7	0.018 3
0.8	0.010 1	0.001 7	0.016 6	0.006 6	0.009 3	0.005 8	0.013 7	0.012 7	0.013 2
1.0	0.005 7	0.001 1	0.010 8	0.003 6	0.005 4	0.003 6	0.009 4	0.008 6	0.009 0

表6-6 第二组可靠度变化模式各类杆件共失效概率值1

增量	BB	AB	BC	BBB	AAB	ABB	BBC	BCC	ABC
0.2	0.050 5	0.004 6	0.054 4	0.030 6	0.031 0	0.030 4	0.030 9	0.031 5	0.030 1
0.4	0.031 8	0.003 7	0.041 7	0.018 2	0.026 4	0.021 8	0.021 1	0.025 5	0.025 2
0.6	0.019 2	0.002 9	0.030 8	0.010 3	0.021 4	0.014 7	0.013 7	0.019 9	0.020 1
0.8	0.011 1	0.002 1	0.021 8	0.005 6	0.016 5	0.009 2	0.008 5	0.014 8	0.015 4
1.0	0.006 2	0.001 5	0.014 8	0.002 9	0.012 2	0.005 5	0.005 0	0.010 6	0.011 2

表6-7 第三组可靠度变化模式各类杆件共失效概率值1

增量	CC	AC	BC	CCC	CCA	CCB	CAA	CBB	ABC
0.2	0.061 6	0.004 7	0.054 5	0.032 9	0.030 0	0.031 5	0.030 4	0.030 9	0.034 6
0.4	0.038 9	0.003 9	0.044 0	0.019 1	0.021 8	0.022 3	0.026 1	0.026 1	0.029 3
0.6	0.023 5	0.003 1	0.034 2	0.010 5	0.014 9	0.014 9	0.021 7	0.021 2	0.024 0
0.8	0.013 6	0.002 4	0.025 7	0.005 5	0.009 6	0.009 4	0.017 2	0.016 6	0.018 8
1.0	0.007 5	0.001 8	0.014 8	0.002 8	0.005 8	0.005 6	0.013 2	0.012 5	0.014 2

表6-8 第四组可靠度变化模式各类杆件三阶共失效概率值1

增量	AAA	BBB	ACC	AAC	BCC	BBC	AAB	ABB	ABC
0.2	0.032 1	0.030 6	0.030 0	0.017 2	0.031 5	0.030 9	0.031 0	0.030 4	0.030 1
0.4	0.019 7	0.018 2	0.023 6	0.012 6	0.025 5	0.021 1	0.018 8	0.018 2	0.017 9
0.6	0.011 6	0.010 3	0.017 7	0.087	0.019 9	0.013 7	0.010 9	0.010 5	0.010 1
0.8	0.006 6	0.005 6	0.012 7	0.005 8	0.014 8	0.008 5	0.006 1	0.005 8	0.005 5
1.0	0.003 6	0.002 9	0.008 6	0.003 6	0.010 6	0.005 0	0.003 3	0.003 0	0.002 9

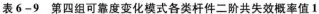
表 6 – 9　第四组可靠度变化模式各类杆件二阶共失效概率值 1

增量	AA	BB	AB	AC	BC
0.2	0.061 6	0.004 7	0.054 5	0.032 9	0.030 0
0.4	0.038 9	0.003 9	0.044 0	0.019 1	0.021 8
0.6	0.023 5	0.003 1	0.034 2	0.010 5	0.014 9
0.8	0.013 6	0.002 4	0.025 7	0.005 5	0.009 6
1.0	0.007 5	0.001 8	0.014 8	0.002 8	0.005 8

表 6 – 10　第五组可靠度变化模式各类杆件三阶共失效概率值 1

增量	AAA	AAB	AAC	ABB	CCC	ACC	CBB	CCB	ABC
0.2	0.032 1	0.035 1	0.030 4	0.030 4	0.032 9	0.030 0	0.030 9	0.031 5	0.030 1
0.4	0.019 7	0.023 8	0.018 2	0.024 6	0.019 1	0.017 6	0.026 1	0.022 3	0.020 8
0.6	0.011 6	0.015 3	0.010 5	0.018 9	0.010 5	0.009 9	0.021 2	0.014 9	0.013 6
0.8	0.006 6	0.009 3	0.005 8	0.013 7	0.005 5	0.005 3	0.016 6	0.009 4	0.008 4
1.0	0.003 6	0.005 4	0.003 0	0.009 4	0.002 8	0.002 7	0.003 3	0.005 6	0.004 9

表 6 – 11　第五组可靠度变化模式各类杆件二阶共失效概率值 1

增量	AA	CC	AC	AB	BC
0.2	0.044 6	0.061 6	0.046 8	0.004 6	0.054 5
0.4	0.028 3	0.038 9	0.029 3	0.003 5	0.044 0
0.6	0.017 2	0.023 5	0.017 6	0.002 5	0.034 2
0.8	0.010 1	0.013 6	0.010 2	0.001 7	0.025 7
1.0	0.005 7	0.007 5	0.005 6	0.001 1	0.018 5

表 6 – 12　第六组可靠度变化模式各类杆件三阶共失效概率值 1

增量	CCC	BBB	BBC	BCC	ABB	AAB	AAC	ACC	ABC
0.2	0.032 9	0.030 6	0.030 9	0.031 5	0.030 4	0.031 0	0.030 4	0.030 0	0.030 1
0.4	0.019 1	0.018 2	0.018 2	0.018 4	0.021 8	0.026 4	0.026 1	0.021 8	0.017 9
0.6	0.010 5	0.010 3	0.010 2	0.010 3	0.014 7	0.021 4	0.021 7	0.014 9	0.010 1
0.8	0.005 5	0.005 6	0.005 5	0.005 4	0.009 2	0.016 5	0.006 1	0.009 6	0.005 5
1.0	0.002 8	0.002 9	0.002 8	0.002 7	0.005 5	0.012 2	0.013 2	0.005 8	0.002 9

表6-13　第六组可靠度变化模式各类杆件二阶共失效概率值1

增量	BB	CC	BC	AB	AC
0.2	0.050 5	0.061 6	0.054 4	0.004 6	0.004 7
0.4	0.031 8	0.038 9	0.034 2	0.003 7	0.003 9
0.6	0.019 2	0.023 5	0.020 6	0.002 9	0.003 1
0.8	0.011 1	0.013 6	0.011 9	0.002 1	0.002 4
1.0	0.006 2	0.007 5	0.006 6	0.001 5	0.001 8

表6-14　第七组可靠度变化模式各类杆件三阶共失效概率值1

增量	AAA	BBB	CCC	AAB	AAC	ABB	ACC	BBC	ABC
0.2	0.032 1	0.030 6	0.032 9	0.031 0	0.030 4	0.030 4	0.030 0	0.030 9	0.030 1
0.4	0.019 7	0.018 2	0.019 1	0.018 8	0.018 2	0.018 2	0.017 6	0.018 2	0.017 9
0.6	0.011 6	0.010 3	0.010 5	0.010 9	0.010 5	0.010 5	0.009 9	0.010 2	0.010 1
0.8	0.006 6	0.005 6	0.005 5	0.006 1	0.005 8	0.005 8	0.005 3	0.005 5	0.005 5
1.0	0.003 6	0.002 9	0.002 8	0.003 3	0.003 0	0.003 0	0.002 7	0.002 8	0.002 9

表6-15　第七组可靠度变化模式各类杆件二阶共失效概率值1

增量	AA	BB	CC	AB	AC	BC
0.2	0.044 6	0.050 5	0.061 6	0.004 6	0.032 9	0.054 4
0.4	0.028 3	0.031 8	0.038 9	0.002 9	0.019 1	0.034 2
0.6	0.017 2	0.019 2	0.023 5	0.001 7	0.010 5	0.020 6
0.8	0.010 1	0.011 1	0.013 6	0.001 0	0.005 5	0.011 9
1.0	0.005 7	0.006 2	0.007 5	0.000 6	0.002 8	0.006 6

　　表6-16和表6-17是按照式(6-12)和式(6-16)计算的结构体系失效概率界限结果。

表6-16　各组可靠度变化模式下各结构系统失效概率下界值1

增量	第一组	第二组	第三组	第四组	第五组	第六组	第七组
0.2	0.374 1	0.379 8	0.387 5	0.355 3	0.350 5	0.361 3	0.345 3
0.4	0.340 2	0.345 7	0.353 1	0.322 1	0.317 4	0.327 8	0.312 4
0.6	0.307 5	0.312 8	0.319 9	0.290 1	0.285 7	0.295 7	0.281 0
0.8	0.276 3	0.281 3	0.288 1	0.259 8	0.255 6	0.265 0	0.251 1
1.0	0.246 7	0.251 4	0.257 9	0.231 2	0.227 2	0.236 1	0.223 0

表6-17　各组可靠度变化模式下各结构系统失效概率上界值1

增量	第一组	第二组	第三组	第四组	第五组	第六组	第七组
0.2	0.828 5	0.834 2	0.847 2	0.838 3	0.842 1	0.833 3	0.818 9
0.4	0.805 8	0.810 5	0.824 6	0.816 4	0.819 9	0.811 9	0.798 8
0.6	0.785 0	0.788 9	0.803 9	0.796 5	0.799 7	0.792 4	0.780 7
0.8	0.766 2	0.769 3	0.785 3	0.778 6	0.781 4	0.774 9	0.764 4
1.0	0.749 4	0.751 6	0.768 5	0.762 6	0.765 1	0.759 3	0.750 0

　　通过计算,可以看出结构系统失效概率界限随可靠度的增加而降低,在不同可靠度变化模式下结构系统失效概率降低值没有明显的差别。图6-4为结构系统失效概率界限变化趋势,可以看出在七组可靠度变化模式中,结构系统的失效概率界限上界均在0.8左右,结构系统的失效概率下界均在0.3左右,且在不同组别之间变化趋势无明显差别。

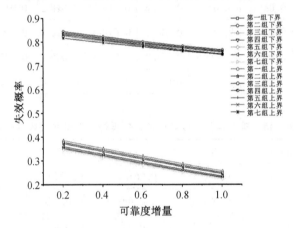

图6-4　结构系统失效概率界限变化趋势图1

　　各类杆件可靠度及重要性系数见表6-18。

表6-18　算例4各类杆件可靠度及重要性系数2

杆件类别	可靠度	重要性系数
A	1.4	0.85
B	1.2	0.75
C	1.0	0.65

　　可靠度变化模式仍然按照前文所述七种变化模式变化。利用式(6-13)、式(6-19)和式(6-20),通过计算在表6-19至表6-29分别列出了七组可靠度变化模式下各个共失效概率相应的值。表格中各项含义与上文相同。

表 6－19　第一组可靠度变化模式各类杆件共失效概率值 2

增量	AA	AB	AC	AAA	AAB	AAC	ABB	ACC	ABC
0.2	0.037 4	0.003 9	0.041 2	0.024 0	0.027 1	0.023 4	0.023 6	0.023 9	0.023 7
0.4	0.023 1	0.003 0	0.030 4	0.014 2	0.018 0	0.015 6	0.019 0	0.018 7	0.018 8
0.6	0.013 8	0.002 1	0.021 5	0.008 0	0.011 4	0.009 9	0.014 6	0.014 0	0.014 2
0.8	0.007 9	0.001 7	0.014 6	0.004 3	0.006 8	0.006 0	0.010 7	0.010 0	0.010 3
1.0	0.004 3	0.001 0	0.009 5	0.002 3	0.003 9	0.003 5	0.007 4	0.006 9	0.007 1

表 6－20　第二组可靠度变化模式各类杆件共失效概率值 2

增量	BB	AB	BC	BBB	AAB	ABB	BBC	BCC	ABC
0.2	0.044 2	0.003 9	0.048 4	0.024 2	0.023 6	0.024 6	0.023 7	0.025 5	0.023 7
0.4	0.027 2	0.003 2	0.036 9	0.013 8	0.016 5	0.016 5	0.019 9	0.020 4	0.019 6
0.6	0.016 1	0.002 4	0.027 1	0.007 6	0.010 9	0.010 5	0.016 0	0.015 8	0.015 5
0.8	0.009 1	0.001 8	0.019 1	0.003 9	0.006 8	0.006 3	0.012 4	0.011 7	0.011 8
1.0	0.004 9	0.001 3	0.013 0	0.002 0	0.004 0	0.003 6	0.009 1	0.008 3	0.008 6

表 6－21　第三组可靠度变化模式各类杆件共失效概率值 2

增量	CC	AC	BC	CCC	CCA	CCB	CAA	CBB	ABC
0.2	0.055 6	0.004 1	0.048 4	0.026 9	0.023 9	0.025 5	0.023 4	0.024 6	0.027 6
0.4	0.034 4	0.003 4	0.038 7	0.015 1	0.016 9	0.017 6	0.019 9	0.020 6	0.023 2
0.6	0.020 3	0.002 7	0.029 9	0.008 0	0.011 3	0.011 5	0.016 4	0.016 6	0.018 8
0.8	0.011 5	0.002 0	0.022 2	0.004 0	0.007 1	0.007 1	0.012 9	0.012 9	0.014 6
1.0	0.006 2	0.001 5	0.015 9	0.001 9	0.004 2	0.004 1	0.009 8	0.009 6	0.011 0

表 6－22　第四组可靠度变化模式各类杆件三阶共失效概率值 2

增量	AAA	BBB	ACC	AAC	BCC	BBC	AAB	ABB	ABC
0.2	0.024 0	0.024 2	0.023 9	0.023	0.025 5	0.024 6	0.023 6	0.023	0.023 7
0.4	0.014 2	0.013 8	0.018 7	0.015 6	0.020 4	0.016 5	0.013 7	0.013 8	0.013 5
0.6	0.008 0	0.007 6	0.014 0	0.009 9	0.015 8	0.010 5	0.007 5	0.007 7	0.007 4
0.8	0.004 3	0.003 9	0.010 0	0.006 0	0.011 7	0.006 3	0.004 0	0.004 1	0.003 8
1.0	0.002 3	0.002 0	0.006 9	0.003 5	0.008 3	0.003 6	0.002 0	0.002 1	0.001 9

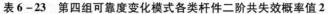

表6-23　第四组可靠度变化模式各类杆件二阶共失效概率值2

增量	AA	BB	AB	AC	BC
0.2	0.037 4	0.044 2	0.003 9	0.041 2	0.048 4
0.4	0.023 1	0.027 2	0.002 4	0.030 4	0.036 9
0.6	0.007 9	0.016 1	0.001 4	0.021 5	0.027 1
0.8	0.007 9	0.009 1	0.000 8	0.014 6	0.019 1
1.0	0.004 3	0.004 9	0.000 4	0.009 5	0.013 0

表6-24　第五组可靠度变化模式各类杆件三阶共失效概率值2

增量	AAA	AAB	AAC	ABB	CCC	ACC	CBB	CCB	ABC
0.2	0.024 0	0.027 1	0.023 4	0.023 6	0.026 9	0.023 9	0.024 6	0.025 5	0.023 7
0.4	0.014 2	0.018 0	0.013 5	0.019 0	0.015 1	0.013 6	0.020 6	0.017 6	0.016 0
0.6	0.008 0	0.011 4	0.007 5	0.014 6	0.008 0	0.007 3	0.016 6	0.011 5	0.010 3
0.8	0.004 3	0.006 8	0.003 9	0.010 7	0.004 0	0.003 8	0.012 9	0.007 1	0.006 2
1.0	0.002 3	0.003 9	0.002 0	0.007 4	0.001 9	0.001 8	0.009 6	0.004 1	0.003 6

表6-25　第五组可靠度变化模式各类杆件二阶共失效概率值2

增量	AA	CC	AC	AB	BC
0.2	0.037	0.055 6	0.041 2	0.003 9	0.048 4
0.4	0.023 1	0.034 4	0.025 3	0.003 0	0.038 7
0.6	0.013 8	0.020 3	0.014 9	0.002 1	0.029 9
0.8	0.007 9	0.011 5	0.008 4	0.001 5	0.022 2
1.0	0.004 3	0.006 2	0.004 5	0.001 0	0.015 9

表6-26　第六组可靠度变化模式各类杆件三阶共失效概率值2

增量	CCC	BBB	BBC	BCC	ABB	AAB	AAC	ACC	ABC
0.2	0.026 9	0.024 2	0.024 6	0.025 5	0.023 6	0.023 7	0.023 4	0.023 9	0.023 7
0.4	0.015 1	0.013 8	0.014 0	0.014 4	0.016 5	0.019 9	0.019 9	0.016 9	0.016 6
0.6	0.008 0	0.007 6	0.007 6	0.007 7	0.010 9	0.016 0	0.016 4	0.011 3	0.011 0
0.8	0.004 0	0.003 9	0.003 9	0.003 9	0.006 8	0.012 4	0.012 9	0.007 1	0.006 9
1.0	0.001 9	0.002 0	0.001 9	0.001 9	0.004 0	0.009 1	0.009 8	0.004 2	0.004 0

表 6 - 27　第六组可靠度变化模式各类杆件二阶共失效概率值 2

增量	BB	CC	BC	AB	AC
0.2	0.044 2	0.055 6	0.048 4	0.003 9	0.004 1
0.4	0.027 2	0.034 4	0.029 9	0.003 2	0.003 4
0.6	0.016 1	0.020 3	0.017 6	0.002 4	0.002 7
0.8	0.009 1	0.011 5	0.009 9	0.001 8	0.002 0
1.0	0.004 9	0.006 2	0.005 3	0.001 3	0.001 5

表 6 - 28　第七组可靠度变化模式各类杆件三阶共失效概率值 2

增量	AAA	BBB	CCC	AAB	AAC	ABB	ACC	BBC	ABC
0.2	0.024 0	0.024 2	0.026 9	0.027 1	0.023 7	0.023 6	0.023 9	0.024 6	0.023 7
0.4	0.014 2	0.013 8	0.015 1	0.018 0	0.019 9	0.016 5	0.016 9	0.016 5	0.013 5
0.6	0.008 0	0.007 6	0.008 0	0.011 4	0.016 0	0.010 9	0.011 3	0.010 5	0.007 4
0.8	0.004 3	0.003 9	0.004 0	0.006 8	0.012 4	0.006 8	0.007 1	0.006 3	0.003 8
1.0	0.002 3	0.002 0	0.001 9	0.003 9	0.009 1	0.004 0	0.004 2	0.003 6	0.001 9

表 6 - 29　第七组可靠度变化模式各类杆件二阶共失效概率值 2

增量	AA	BB	CC	AB	AC	BC
0.2	0.037 4	0.044 2	0.055 6	0.048 4	0.041 2	0.004 1
0.4	0.023 1	0.027 2	0.034 4	0.038 7	0.025 3	0.003 4
0.6	0.013 8	0.016 1	0.020 3	0.029 9	0.014 9	0.002 7
0.8	0.007 9	0.009 1	0.011 5	0.022 1	0.008 4	0.002 0
1.0	0.004 3	0.004 9	0.006 2	0.015 1	0.004 5	0.001 5

表 6 - 30 和表 6 - 31 是按照式(6 - 12)和式(6 - 16)计算的结构体系失效概率界限结果。图 6 - 5 是结构系统失效概率界限变化趋势图。

表 6 - 30　各组可靠度变化模式下各结构系统失效概率下界值 2

增量	第一组	第二组	第三组	第四组	第五组	第六组	第七组
0.2	0.400 2	0.406 3	0.402 1	0.408 7	0.407 1	0.410 6	0.412 4
0.4	0.368 5	0.374 5	0.370 3	0.376 8	0.375 3	0.378 7	0.380 2
0.6	0.337 6	0.343 5	0.339 5	0.345 7	0.344 4	0.347 5	0.349 0
0.8	0.307 9	0.313 5	0.309 6	0.315 6	0.314 2	0.317 4	0.318 8
1.0	0.279 3	0.284 7	0.281 0	0.286 7	0.285 4	0.288 4	0.289 8

表 6-31　各组可靠度变化模式下各结构系统失效概率上界值 2

增量	第一组	第二组	第三组	第四组	第五组	第六组	第七组
0.2	0.836 9	0.843 5	0.841 0	0.862 1	0.848 0	0.844 9	0.842 5
0.4	0.815 1	0.821 2	0.818 9	0.838 5	0.825 4	0.822 5	0.820 2
0.6	0.794 9	0.800 5	0.798 4	0.816 6	0.804 4	0.801 7	0.799 6
0.8	0.776 4	0.781 6	0.779 6	0.796 3	0.785 1	0.782 6	0.780 7
1.0	0.759 5	0.764 2	0.762 4	0.777 7	0.767 4	0.765 2	0.763 5

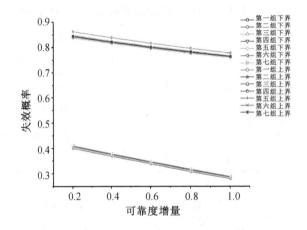

图 6-5　结构系统失效概率界限变化趋势图 2

　　三类杆件重要性系数同时减小 0.05 时,结构系统失效概率界限变化规律与未变化重要性系数时无显著差异;从数值上考虑,杆件重要性系数减小,结构系统失效概率界限略微增加。

　　再次变化杆件重要性系数,各类杆件可靠度及重要性系数见表 6-32。

表 6-32　算例 4 各类杆件可靠度及重要性系数 3

杆件类别	可靠度	重要性系数
A	1.4	0.8
B	1.2	0.7
C	1.0	0.6

　　可靠度变化模式还是按照上文所述七种变化模式变化。利用式(6-13)、式(6-19)和式(6-20),通过计算在表 6-33 至表 6-43 分别列出了七组可靠度变化模式下各个共失效概率相应的值。表格中各项含义与上文相同。

表 6 – 33 第一组可靠度变化模式各类杆件共失效概率值 3

增量	AA	AB	AC	AAA	AAB	AAC	ABB	ACC	ABC
0.2	0.031 8	0.003 4	0.036 4	0.018 2	0.021 1	0.018 2	0.018 4	0.019 0	0.018 6
0.4	0.019 2	0.002 6	0.026 7	0.010 3	0.013 7	0.011 8	0.014 7	0.014 8	0.014 7
0.6	0.011 1	0.001 8	0.018 8	0.005 6	0.008 5	0.007 4	0.011 2	0.011 0	0.011 1
0.8	0.006 2	0.001 3	0.012 8	0.002 9	0.005 0	0.004 4	0.008 2	0.007 9	0.008 0
1.0	0.003 3	0.000 8	0.008 3	0.001 0	0.002 8	0.002 5	0.005 7	0.005 4	0.005 5

表 6 – 34 第二组可靠度变化模式各类杆件共失效概率值 3

增量	BB	AB	BC	BBB	AAB	ABB	BBC	BCC	ABC
0.2	0.038 9	0.003 4	0.043 3	0.019 1	0.018 4	0.019 7	0.018 2	0.020 6	0.018 6
0.4	0.023 5	0.002 7	0.032 7	0.010 5	0.012 6	0.012 9	0.015 1	0.016 3	0.015 2
0.6	0.013 6	0.002 1	0.023 9	0.005 5	0.008 1	0.008 0	0.012 1	0.012 5	0.012 0
0.8	0.007 5	0.001 5	0.016 8	0.002 8	0.004 9	0.004 7	0.009 3	0.009 2	0.009 1
1.0	0.003 9	0.001 1	0.011 3	0.001 3	0.002 8	0.002 6	0.006 8	0.006 5	0.006 6

表 6 – 35 第三组可靠度变化模式各类杆件共失效概率值 3

增量	CC	AC	BC	CCC	CCA	CCB	CAA	CBB	ABC
0.2	0.050 3	0.003 6	0.043 3	0.022 0	0.019 0	0.020	0.018 2	0.019 7	0.022 0
0.4	0.030 6	0.002 9	0.034 2	0.011 9	0.013 1	0.013 8	0.015 3	0.016 2	0.018 3
0.6	0.017 7	0.002 3	0.026 2	0.006 1	0.008 6	0.008 8	0.012 4	0.012 9	0.014 7
0.8	0.009 7	0.001 7	0.019 3	0.002 9	0.005 3	0.005 3	0.009 7	0.010 0	0.011 3
1.0	0.005 1	0.001 3	0.013 7	0.001 3	0.003 1	0.003 0	0.007 3	0.007 4	0.008 4

表 6 – 36 第四组可靠度变化模式各类杆件三阶共失效概率值 3

增量	AAA	BBB	ACC	AAC	BCC	BBC	AAB	ABB	ABC
0.2	0.018 2	0.019 1	0.019	0.018 2	0.020 6	0.019	0.018 4	0.018 2	0.018 6
0.4	0.010 3	0.010 5	0.014 8	0.011 8	0.016 3	0.012 9	0.010 3	0.010 2	0.012 1
0.6	0.005 6	0.005 5	0.011 0	0.007 4	0.012 5	0.008 0	0.005 4	0.005 5	0.007 5
0.8	0.002 9	0.002 8	0.007 9	0.004 4	0.009 2	0.004 7	0.002 7	0.002 8	0.004 4
1.0	0.001 0	0.001 3	0.005 4	0.002 5	0.006 5	0.002 6	0.001 3	0.001 4	0.002 5

表 6 – 37　第四组可靠度变化模式各类杆件二阶共失效概率值 3

增量	AA	BB	AB	AC	BC
0.2	0.031 8	0.038 9	0.003 4	0.036 4	0.043 3
0.4	0.019 2	0.023 5	0.002 1	0.026 7	0.032 7
0.6	0.011 1	0.013 6	0.001 2	0.018 8	0.023 9
0.8	0.006 2	0.007 5	0.000 7	0.012 8	0.016 8
1.0	0.003 3	0.003 9	0.000 3	0.008 3	0.011 3

表 6 – 38　第五组可靠度变化模式各类杆件三阶共失效概率值 3

增量	AAA	AAB	AAC	ABB	CCC	ACC	CBB	CCB	ABC
0.2	0.018 2	0.021 1	0.018 2	0.018 4	0.018 4	0.019 0	0.019 7	0.020 6	0.018 6
0.4	0.010 3	0.013 7	0.010 1	0.014 7	0.014 7	0.010 4	0.016 2	0.013 8	0.012 3
0.6	0.005 6	0.008 5	0.005 4	0.011 2	0.011 2	0.005 4	0.012 9	0.008 8	0.007 7
0.8	0.002 9	0.005 0	0.002 7	0.008 2	0.008 2	0.002 7	0.010 0	0.005 3	0.004 6
1.0	0.001 0	0.002 8	0.001 3	0.005 7	0.005 7	0.001 2	0.007 4	0.003 0	0.002 6

表 6 – 39　第五组可靠度变化模式各类杆件二阶共失效概率值 3

增量	AA	CC	AC	AB	BC
0.2	0.031 8	0.050 3	0.036 4	0.003 4	0.043 3
0.4	0.019 2	0.030 6	0.021 9	0.002 6	0.032 7
0.6	0.011 1	0.017 7	0.012 6	0.001 8	0.023 9
0.8	0.006 2	0.009 7	0.006 9	0.001 3	0.016 8
1.0	0.003 3	0.005 1	0.003 6	0.000 8	0.011 3

表 6 – 40　第六组可靠度变化模式各类杆件三阶共失效概率值 3

增量	CCC	BBB	BBC	BCC	ABB	AAB	AAC	ACC	ABC
0.2	0.022 0	0.019 1	0.019 7	0.020 6	0.018 4	0.019 7	0.018 2	0.019 0	0.018 6
0.4	0.011 9	0.010 5	0.010 8	0.011 2	0.012 6	0.012 9	0.015 3	0.013 1	0.012 8
0.6	0.006 1	0.005 5	0.005 6	0.005 7	0.008 1	0.008 0	0.012 4	0.008 6	0.012 8
0.8	0.002 9	0.002 8	0.002 7	0.002 8	0.004 9	0.004 7	0.009 7	0.005 3	0.008 3
1.0	0.001 3	0.001 3	0.001 3	0.001 3	0.002 8	0.002 6	0.007 3	0.003 1	0.005 1

表 6－41　第六组可靠度变化模式各类杆件二阶共失效概率值 3

增量	BB	CC	BC	AB	AC
0.2	0.038 9	0.050 3	0.043 3	0.003 4	0.003 6
0.4	0.023 5	0.030 6	0.026 2	0.002 7	0.002 9
0.6	0.013 6	0.017 7	0.015 1	0.002 1	0.002 3
0.8	0.007 5	0.009 7	0.008 3	0.001 5	0.001 7
1.0	0.003 9	0.005 1	0.004 3	0.001 1	0.001 3

表 6－42　第七组可靠度变化模式各类杆件三阶共失效概率值 3

增量	AAA	BBB	CCC	AAB	AAC	ABB	ACC	BBC	ABC
0.2	0.018 2	0.019 1	0.022 0	0.018 4	0.018 2	0.018 2	0.019 0	0.019 7	0.016 3
0.4	0.010 3	0.010 5	0.011 9	0.010 3	0.010 1	0.010 2	0.010 4	0.010 8	0.010 3
0.6	0.005 6	0.005 5	0.006 1	0.005 4	0.005 4	0.005 5	0.005 4	0.005 6	0.005 4
0.8	0.002 9	0.002 8	0.002 9	0.002 7	0.002 7	0.002 8	0.002 7	0.002 7	0.002 7
1.0	0.001 0	0.001 3	0.001 3	0.001 3	0.001 3	0.001 4	0.001 2	0.001 3	0.001 3

表 6－43　第七组可靠度变化模式各类杆件二阶共失效概率值 3

增量	AA	BB	CC	AB	AC	BC
0.2	0.031 8	0.038 9	0.050 3	0.003 4	0.003 6	0.043 3
0.4	0.019 2	0.023 5	0.030 6	0.002 1	0.002 9	0.026 2
0.6	0.011 1	0.013 6	0.017 7	0.001 2	0.002 3	0.015 1
0.8	0.006 2	0.007 5	0.009 7	0.000 7	0.001 7	0.008 3
1.0	0.003 3	0.003 9	0.005 1	0.000 3	0.001 3	0.004 3

将表 6－33 至表 6－43 中的共失效概率代入式(6－12)和式(6－16)，计算出的结构系统失效概率界限见表 6－44 和表 6－45 所示。图 6－6 是该工况下结构系统失效概率界限。

表 6－44　各组可靠度变化模式下各结构系统失效概率下界值 3

增量	第一组	第二组	第三组	第四组	第五组	第六组	第七组
0.2	0.422 7	0.427 0	0.428 6	0.432 1	0.425 8	0.429	0.433 7
0.4	0.385 2	0.389 4	0.390 9	0.394 4	0.388 2	0.392 1	0.395 9
0.6	0.348 7	0.352 7	0.354 2	0.357 6	0.351 6	0.355 3	0.359 1
0.8	0.313 5	0.317 4	0.318 8	0.322 1	0.316 3	0.319 9	0.323 5
1.0	0.280 0	0.283 7	0.285 0	0.288 1	0.282 7	0.286 1	0.289 5

表6-45　各组可靠度变化模式下各结构系统失效概率上界值3

增量	第一组	第二组	第三组	第四组	第五组	第六组	第七组
0.2	0.858 4	0.849 5	0.855 0	0.852 5	0.857 8	0.854 7	0.851 6
0.4	0.829 3	0.821 0	0.826 1	0.823 8	0.828 7	0.825 8	0.823 0
0.6	0.802 3	0.794 7	0.799 4	0.797 3	0.801 8	0.799 2	0.796 5
0.8	0.777 6	0.770 7	0.775 0	0.773 1	0.777 2	0.774 7	0.772 4
1.0	0.755 2	0.748 9	0.752 8	0.751 1	0.754 8	0.752 6	0.750 4

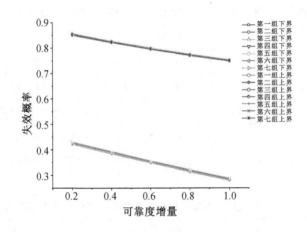

图6-6　结构系统失效概率界限变化趋势图3

从计算结果来看,结构系统失效概率界限与没改变杆件重要性系数之前相比仍然没有太大变化。

再次变化杆件重要性系数,各类杆件可靠度及重要系数见表6-46。

表6-46　算例4 各类杆件可靠度及重要性系数4

杆件类别	可靠度	重要性系数
A	1.4	0.75
B	1.2	0.65
C	1.0	0.55

所有可靠度变化模式还是按照前文所述七种变化模式变化。利用式(6-13)、式(6-19)和式(6-20),通过计算在表6-47至表6-57分别列出了七组可靠度变化模式下各个共失效概率相应的值。表格中各项含义与前文相同。

表 6 - 47　　第一组可靠度变化模式各类杆件共失效概率值 4

增量	AA	AB	AC	AAA	AAB	AAC	ABB	ACC	ABC
0.2	0.027 2	0.003 0	0.032 3	0.013 8	0.016 5	0.014 1	0.014 4	0.015 2	0.014 7
0.4	0.016 1	0.002 2	0.023 5	0.007 6	0.010 5	0.009 0	0.011 3	0.011 7	0.011 4
0.6	0.009 1	0.001 6	0.016 5	0.003 9	0.006 3	0.005 4	0.008 6	0.008 6	0.008 6
0.8	0.004 9	0.001 1	0.011 2	0.002 0	0.003 6	0.003 1	0.006 2	0.006 1	0.006 2
1.0	0.002 5	0.000 7	0.007 3	0.000 9	0.002 0	0.001 7	0.004 4	0.004 2	0.004 3

表 6 - 48　　第二组可靠度变化模式各类杆件共失效概率值 4

增量	BB	AB	BC	BBB	AAB	ABB	BBC	BCC	ABC
0.2	0.034 4	0.003 0	0.038 8	0.015 1	0.014 0	0.014 4	0.015 7	0.016 6	0.014 7
0.4	0.020 3	0.002 3	0.029 1	0.008 0	0.011 5	0.009 6	0.010 0	0.013 0	0.011 8
0.6	0.011 5	0.001 8	0.021 1	0.004 0	0.009 1	0.006 0	0.006 1	0.009 9	0.009 2
0.8	0.006 2	0.001 3	0.014 7	0.001 9	0.006 9	0.003 5	0.003 5	0.007 2	0.006 9
1.0	0.003 2	0.000 9	0.009 9	0.000 9	0.005 1	0.002 0	0.001 0	0.005 1	0.005 0

表 6 - 49　　第三组可靠度变化模式各类杆件共失效概率值 4

增量	CC	AC	BC	CCC	CCA	CCB	CAA	CBB	ABC
0.2	0.045 7	0.003 2	0.038 8	0.018 0	0.015 2	0.016 6	0.014 1	0.015 7	0.017 6
0.4	0.027 3	0.002 6	0.030 4	0.009 4	0.010 2	0.010 9	0.011 7	0.012 8	0.014 4
0.6	0.015 5	0.002 0	0.023 0	0.004 6	0.006 5	0.006 8	0.009 4	0.010 1	0.011 4
0.8	0.008 3	0.001 5	0.016 8	0.002 1	0.003 9	0.004 0	0.007 3	0.007 7	0.008 8
1.0	0.004 3	0.001 1	0.011 9	0.000 9	0.002 2	0.002 2	0.005 5	0.005 7	0.006 5

表 6 - 50　　第四组可靠度变化模式各类杆件三阶共失效概率值 4

增量	AAA	BBB	ACC	AAC	BCC	BBC	AAB	ABB	ABC
0.2	0.013 8	0.015 1	0.015 2	0.014 1	0.016 6	0.015 7	0.014 0	0.014 4	0.014 7
0.4	0.007 6	0.008 0	0.011 7	0.009 0	0.013 0	0.010 0	0.007 6	0.007 7	0.009 3
0.6	0.003 9	0.004 0	0.008 6	0.005 4	0.009 9	0.006 1	0.003 9	0.003 9	0.005 6
0.8	0.002 0	0.001 9	0.006 1	0.003 1	0.007 2	0.003 5	0.001 9	0.001 9	0.003 2
1.0	0.000 9	0.000 9	0.004 2	0.001 7	0.005 1	0.001 0	0.000 9	0.000 9	0.001 8

表 6 - 51　第四组可靠度变化模式各类杆件二阶共失效概率值 4

增量	AA	BB	AB	AC	BC
0.2	0.027 2	0.034 4	0.003 0	0.032 3	0.038 8
0.4	0.016 1	0.020 3	0.001 8	0.023 5	0.029 1
0.6	0.009 1	0.011 5	0.001 0	0.016 5	0.021 1
0.8	0.004 9	0.006 2	0.000 5	0.011 2	0.014 7
1.0	0.002 5	0.003 2	0.000 3	0.007 3	0.009 9

表 6 - 52　第五组可靠度变化模式各类杆件三阶共失效概率值 4

增量	AAA	AAB	AAC	ABB	CCC	ACC	CBB	CCB	ABC
0.2	0.013 8	0.016 5	0.014 1	0.014 4	0.018 0	0.015 2	0.015 7	0.016 6	0.014 7
0.4	0.007 6	0.010 5	0.007 6	0.011 3	0.009 4	0.008 0	0.012 8	0.013 0	0.009 5
0.6	0.003 9	0.006 3	0.003 8	0.008 6	0.004 6	0.004 0	0.010 1	0.009 9	0.005 8
0.8	0.002 0	0.003 6	0.001 8	0.006 2	0.002 1	0.001 9	0.007 7	0.007 2	0.003 4
1.0	0.000 9	0.002 0	0.000 8	0.004 4	0.000 9	0.000 8	0.005 7	0.005 1	0.001 9

表 6 - 53　第五组可靠度变化模式各类杆件二阶共失效概率值 4

增量	AA	CC	AC	AB	BC
0.2	0.027 2	0.045 7	0.036 9	0.003 0	0.038 8
0.4	0.016 1	0.027 3	0.022 2	0.002 2	0.030 4
0.6	0.009 1	0.015 5	0.012 8	0.001 6	0.023 0
0.8	0.004 9	0.008 3	0.007 0	0.001 1	0.016 8
1.0	0.002 5	0.004 3	0.003 7	0.000 7	0.011 9

表 6 - 54　第六组可靠度变化模式各类杆件三阶共失效概率值 4

增量	CCC	BBB	BBC	BCC	ABB	AAB	AAC	ACC	ABC
0.2	0.018 0	0.015 1	0.015 7	0.016 6	0.014 4	0.014 0	0.014 1	0.015 2	0.014 7
0.4	0.009 4	0.008 0	0.008 3	0.008 7	0.009 6	0.011 5	0.011 7	0.010 2	0.009 8
0.6	0.004 6	0.004 0	0.004 1	0.004 3	0.006 0	0.009 1	0.009 4	0.006 5	0.006 2
0.8	0.002 1	0.001 9	0.001 9	0.002 0	0.003 6	0.006 9	0.007 3	0.003 9	0.003 7
1.0	0.000 9	0.000 9	0.000 9	0.000 9	0.002 0	0.005 1	0.005 5	0.002 2	0.002 1

表 6 – 55　第六组可靠度变化模式各类杆件二阶共失效概率值 4

增量	BB	CC	BC	AB	AC
0.2	0.034 4	0.045 7	0.038 8	0.003 0	0.003 2
0.4	0.020 3	0.027 3	0.023 0	0.002 3	0.002 6
0.6	0.011 5	0.015 5	0.013 0	0.001 8	0.002 0
0.8	0.006 2	0.008 3	0.007 0	0.001 3	0.001 5
1.0	0.003 2	0.004 3	0.003 6	0.000 9	0.001 1

表 6 – 56　第七组可靠度变化模式各类杆件三阶共失效概率值 4

增量	AAA	BBB	CCC	AAB	AAC	ABB	ACC	BBC	ABC
0.2	0.013 8	0.015 1	0.018 0	0.014 0	0.014 1	0.014 4	0.015 2	0.015 7	0.014 7
0.4	0.007 6	0.008 0	0.009 4	0.007 6	0.007 6	0.007 7	0.008 0	0.008 3	0.007 8
0.6	0.003 9	0.004 0	0.004 6	0.003 9	0.003 8	0.003 9	0.004 0	0.004 1	0.003 9
0.8	0.002 0	0.001 9	0.002 1	0.001 9	0.001 8	0.001 9	0.001 9	0.001 9	0.001 9
1.0	0.000 9	0.000 9	0.000 9	0.000 9	0.000 8	0.000 9	0.000 8	0.000 9	0.000 8

表 6 – 57　第七组可靠度变化模式各类杆件二阶共失效概率值 4

增量	AA	BB	CC	AB	AC	BC
0.2	0.027 2	0.034 4	0.045 7	0.003 0	0.036 9	0.038 8
0.4	0.016 1	0.020 3	0.027 3	0.001 8	0.022 2	0.023 0
0.6	0.009 1	0.011 5	0.015 5	0.001 0	0.012 8	0.013 0
0.8	0.004 9	0.006 2	0.008 3	0.000 5	0.007 0	0.007 0
1.0	0.002 5	0.003 2	0.004 3	0.000 3	0.003 7	0.003 6

表 6 – 58 和表 6 – 59 是按照式(6 – 12)和式(6 – 16)计算的结构体系失效概率界限结果。图 6 – 7 是该组工况下结构系统失效概率界限变化趋势图。

表 6 – 58　各组可靠度变化模式下各结构系统失效概率下界值 4

增量	第一组	第二组	第三组	第四组	第五组	第六组	第七组
0.2	0.338 7	0.353 1	0.339 5	0.322 1	0.324 9	0.317 4	0.315 3
0.4	0.300 2	0.321 3	0.308 2	0.291 5	0.294 3	0.287 1	0.285 0
0.6	0.270 6	0.290 8	0.278 3	0.262 4	0.265 0	0.258 2	0.256 2
0.8	0.242 6	0.261 8	0.249 9	0.234 9	0.237 3	0.230 9	0.229 1
1.0	0.216 2	0.234 2	0.223 0	0.209 0	0.211 3	0.205 3	0.203 6

表 6-59　各组可靠度变化模式下各结构系统失效概率上界值 4

增量	第一组	第二组	第三组	第四组	第五组	第六组	第七组
0.2	0.844 1	0.853 9	0.860 2	0.867 4	0.858 7	0.863 7	0.861 5
0.4	0.820 2	0.829 3	0.835 1	0.841 8	0.833 7	0.838 5	0.836 8
0.6	0.798 1	0.806 5	0.811 9	0.818 1	0.810 6	0.815 0	0.813 4
0.8	0.777 9	0.785 6	0.790 5	0.796 2	0.789 3	0.793 3	0.791 9
1.0	0.759 4	0.766 4	0.770 9	0.776 1	0.769 8	0.773 5	0.772 2

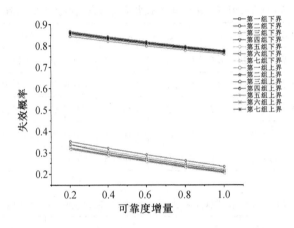

图 6-7　结构系统失效概率界限变化趋势图 4

　　从计算结果来看,失效概率界限变化趋势明显随可靠度增加而减小,变化趋势图接近直线。

　　再次变化杆件重要性系数,各类杆件可靠度及重要系数见表 6-60。图 6-8 是该组工况下结构系统失效概率界限变化趋势图。

表 6-60　算例 4 各类杆件可靠度及重要性系数 5

杆件类别	可靠度	重要性系数
A	1.4	0.7
B	1.2	0.6
C	1.0	0.5

　　本书计算了五组不同杆件重要性系数条件下结构系统失效概率的界限值,从所得失效概率界限上界和下界可以发现,结构系统失效概率界限随杆件可靠度的增加而减小。

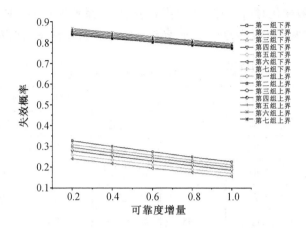

图6-8 结构系统失效概率界限变化趋势图5

6.2 星型穹顶结构的三阶共失效概率

对于图6-9所示的星型穹顶结构,1~13为结点编号,其中8~13是支座结点。考虑该结构的对称性,将该结构杆件分为三类:中心径向杆件为A类,共6根;环向杆件为B类,共6根;支座处径向杆为C类,共12根。

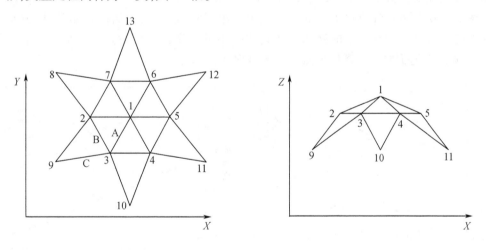

图6-9 星型穹顶结构示意图

(a)俯视图;(b)侧视图

对于该星型穹顶结构,将任意一个杆件失效作为一个失效模式,则该结构体系共有24个失效模式。对于不同类别杆件赋予不同重要性系数λ值;考虑到该穹顶结构设计制作时可以人为控制每根杆件的可靠度,在计算结构系统可失效概率时保持某两类杆件可靠度不变,剩余杆件可靠度逐步增加,根据式(6-13)、式(6-12)、式(6-16)、式(6-19)和式(6-20)计算结构系统失效概率上限和下限,以此来研究不同杆件可靠度对结构系统失效概率的影响。在计算结构系统的可靠度界限时,分别变化不同杆件的可靠度和重要性系数:其中,某类杆件可靠度变化时,均从0.2依次增加0.2到1.0,即变化的可靠度有五组不同的取值;重要性系数变化时,每类杆件在原有初始重要系数的基础上依次减少0.10,每类杆件重要性系数减少两次。按照这一规则,各组不同杆件重要性系数见表6-61所示。

表6-61　各组不同杆件重要性系数

组别	A类杆件	B类杆件	C类杆件	组别	A类杆件	B类杆件	C类杆件
第一组	0.90	0.85	0.95	第九组	0.70	0.65	0.95
第二组	0.80	0.85	0.95	第十组	0.80	0.85	0.85
第三组	0.70	0.85	0.95	第十一组	0.70	0.85	0.75
第四组	0.90	0.75	0.95	第十二组	0.90	0.75	0.85
第五组	0.90	0.65	0.95	第十三组	0.90	0.65	0.75
第六组	0.90	0.85	0.85	第十四组	0.80	0.75	0.85
第七组	0.90	0.85	0.75	第十五组	0.70	0.65	0.75
第八组	0.80	0.75	0.95				

在每一组相同重要性系数的基础上,每次保证两类杆件可靠度不变,剩余一类杆件可靠度变化,以此来研究杆件可靠度变化对结构系统失效概率的影响。通过不同组别之间计算结果的比较来分析不同重要性系数对计算结果的影响。

图6-10、图6-11和图6-12是依据第一组、第六组和第七组的初始条件,分别只变化一类杆件可靠度计算出来的结构体系失效概率界限变化趋势图。这三组工况表征的是变化A类杆件的重要性系数所导致的失效概率变化趋势。

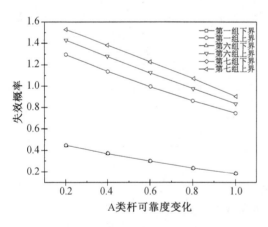

图6-10　A类杆件重要系数变化及A类
　　　　杆件可靠度变化图示

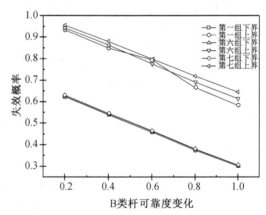

图6-11　A类杆件重要系数变化及B类
　　　　杆件可靠度变化图示

如图6-10、图6-11和图6-12所示,在变化A类杆件重要系数的基础上,当三类不同杆件可靠度单独变化时,结构体系的结算失效概率界限变化趋势差异不太大,且界宽基本保持不变。三类杆件重要性系数变化对结构系统计算失效概率分布区域没有太大影响,仅在C类杆件可靠度变化时,结构体系计算失效概率界限随着可靠度的增加,界宽变大,因此此时预测结构体系计算失效概率精度下降。

图 6-13、图 6-14 和图 6-15 是依据第一组、第四组和第五组的初始条件,分别只变化一类杆件可靠度所计算出来的结构体系失效概率界限变化趋势图。这三组工况表征的是变化 B 类杆件的重要性系数所导致的失效概率变化趋势。当 B 类杆件重要性系数变化时,结构体系计算失效概率的分布区间有了明显的差异,B 类杆件重要性系数越小,结构体系计算失效概率的分布区间越大,对应的结构可靠度越低。同理,在变化 C 类杆件可靠度时,结构体系计算概率界宽变大,表征此时预测结构体系计算失效概率精度下降。

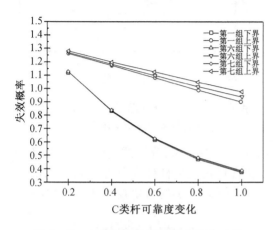

图 6-12 A 类杆件重要系数变化及 C 类杆件可靠度变化图示

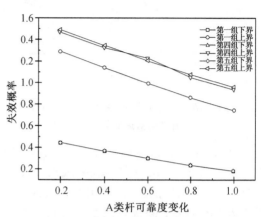

图 6-13 B 类杆件重要系数变化及 A 类杆件可靠度变化图示

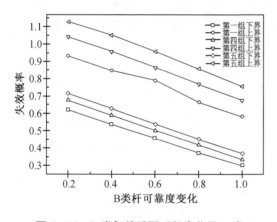

图 6-14 B 类杆件重要系数变化及 B 类杆件可靠度变化图示

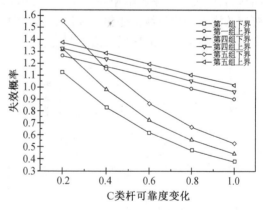

图 6-15 B 类杆件重要系数变化及 C 类杆件可靠度变化图示

图 6-16、图 6-17 和图 6-18 是依据第一组、第二组和第三组的初始条件,分别只变化一类杆件可靠度所计算出来的结构体系失效概率界限变化趋势图。这三组工况表征的是变化 C 类杆件的重要性系数所导致的失效概率变化趋势。当 C 类杆件重要性系数变化时,结构体系计算失效概率界限同样出现了分布区间不同的现象,一般是由上界计算值不同造成的,且一般是重要性系数越大,界宽越大,这表征结构体系计算失效概率的精度与重要性系数的大小有较大相关性。当 C 类杆件可靠度变化时,结构体系计算失效概率也出现了下界大于上界的现象,表明结构出现了失效倾向。

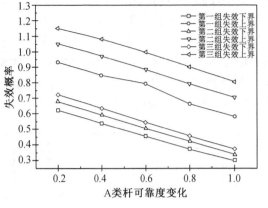

图 6-16　C 类杆件重要系数变化及 A 类
　　　　杆件可靠度变化图示

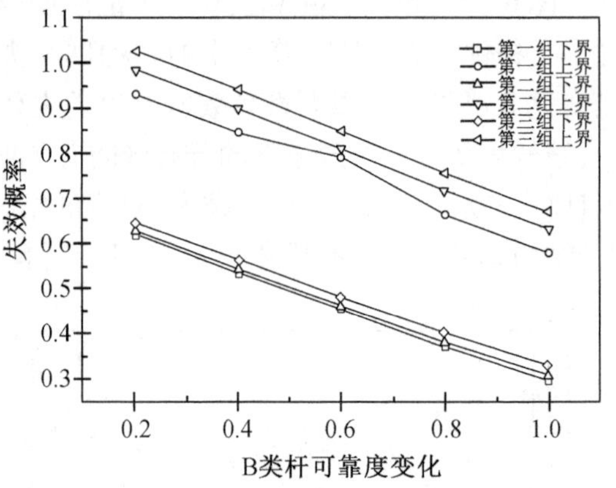

图 6-17　C 类杆件重要系数变化及 B 类
　　　　杆件可靠度变化图示

　　图 6-10 到图 6-18 的变化表现出一定的共性。C 类杆件可靠度的变化往往导致结构体系计算失效概率出现结构失效现象,考虑到 C 类杆件比其他杆件重要性系数大,则结构失效与 C 类杆件相关杆件的相关性系数也有关;对于不同大小的重要性系数,重要性系数值越小结构体系计算失效概率界限宽度越大。

　　图 6-19、图 6-20 和图 6-21 是依据第一组、第十二组和第十三组的初始条件,分别只变化一类杆件可靠度所计算出来的结构体系失效概率界限变化趋势图。当同时变化 A 类杆件和 B 类杆件重要系数时,结构体系的计算失效概率界限分布于不同区间的现象十分明显,有的失效概率界限相差达到 20%,结构体系的计算失效概率界限随不同杆件的失效概率的线性变化呈线性变化。在图 6-21 中,出现了计算失效概率下界大于上界的情况,且失效概率界限随可靠度增大逐渐变宽。

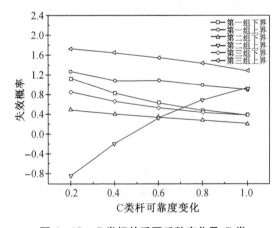

图 6-18　C 类杆件重要系数变化及 C 类
　　　　杆件可靠度变化图示

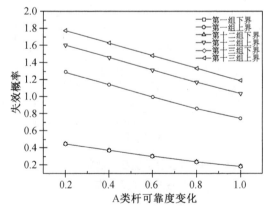

图 6-19　A、B 类杆件重要系数变化及 A 类
　　　　杆件可靠度变化图示

　　图 6-22、图 6-23 和图 6-24 是依据第一组、第十组和第十一组的初始条件,分别只变化一类杆件可靠度所计算出来的结构体系失效概率界限变化趋势图。图 6-25、图 6-26 和图 6-27 是依据第一组、第八组和第九组的初始条件,分别只变化一类杆件可靠度计算出来的结构体系失效概率界限变化趋势图。图 6-28、图 6-29 和图 6-30 是依据第一组、第十四组和第十五组的初始条件,分别只变化一类杆件可靠度所计算出来的结构体系失效概

率界限变化趋势图,当同时变化 A 类杆件和 C 类杆件的重要性系数时,结构系统的计算失效概率界限和上述分析无显著差别,在变化 C 类杆件的可靠度时,结构系统的计算失效概率界限出现了异常。

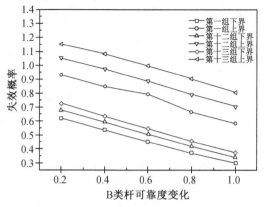

图 6-20　A、B 类杆件重要系数变化及 B 类杆件可靠度变化图示

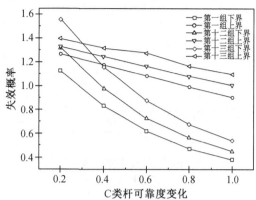

图 6-21　A、B 类杆件重要系数变化及 C 类杆件可靠度变化图示

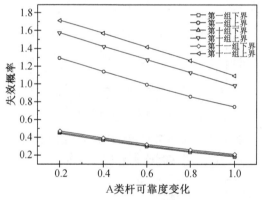

图 6-22　A、C 类杆件重要系数变化及 A 类杆件可靠度变化图示

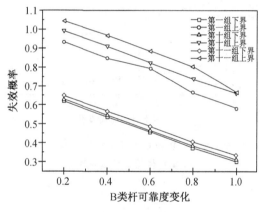

图 6-23　A、C 类杆件重要系数变化及 B 类杆件可靠度变化图示

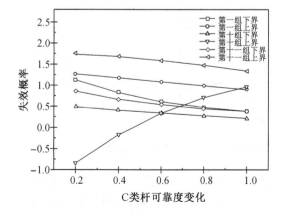

图 6-24　A、C 类杆件重要系数变化及 C 类杆件可靠度变化图示

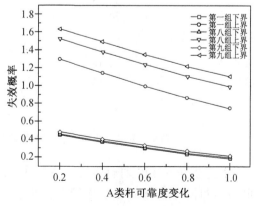

图 6-25　B、C 类杆件重要系数变化及 A 类杆件可靠度变化图示

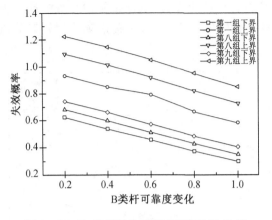

图 6－26　B、C 类杆件重要系数变化及 B 类
杆件可靠度变化图示

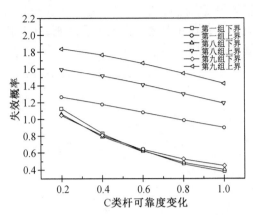

图 6－27　B、C 类杆件重要系数变化及 C 类
杆件可靠度变化图示

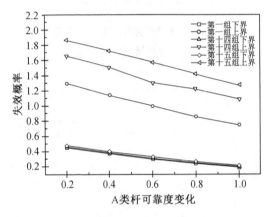

图 6－28　A、B 和 C 类杆件重要系数变化及
A 类杆件可靠度变化图示

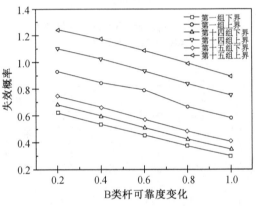

图 6－29　A、B 和 C 类杆件重要系数变化及
B 类杆件可靠度变化图示

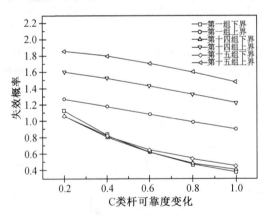

图 6－30　A、B 和 C 类杆件重要系数变化及 C 类杆件可靠度变化图示

　　由上述分析可知,杆件重要性系数越小,结构计算失效概率界限界宽越大；C 类杆件的可靠度对计算失效概率的影响较大。考虑到 C 类杆件的重要性系数较大,可认为重要性系数表征杆件对结构体系的重要性程度。

6.3 基于应力变化率法的重要性系数研究

6.3.1 应力变化率准则

首先,假定结构时程中,任意时刻 t 的总应变能为 π,可用式(6-21)表示为

$$\pi = \iiint_v \mu \mathrm{d}v \qquad (6-21)$$

式中,μ 代表应变能密度,$\mu = \sigma_{ij}\varepsilon_{ij}/2$。

假设结构处于弹性状态时,$\sigma_{ij} = C_{ij}\varepsilon_{ij}$,$C_{ij}$ 为弹性模量矩阵分量,那么对总应变能进行微分可以得到

$$\mathrm{d}\pi = \frac{1}{C_{ij}} \iiint_v \sigma_{ij} \mathrm{d}\sigma_{ij} \mathrm{d}v \qquad (6-22)$$

对杆系结构应用有限元法划分单元后,总应变能可写成

$$\mathrm{d}\pi = \sum_1^m \frac{1}{C_{ij}} \int_v \sigma \mathrm{d}\sigma \mathrm{d}v \qquad (6-23)$$

当结构发生动力失稳时,总应变能发生突变,总应变能的时间微分,即总应变能随时间的变化率 $\mathrm{d}\pi$ 会突然跳跃到一个相对大值,而应力向量 s 是一个有界向量,只有当应力变化率 $\mathrm{d}\sigma$ 突然跳跃到一个相对大值时才能取得。因此,可得到判定杆系结构动力失稳的应力变化率准则为:应力变化率突然跳跃到一个相对很大值时,结构发生动力失稳。

6.3.2 重要性系数分析

相关试验研究结论表明,从微观的角度,由于空间杆系结构在受到荷载作用时,杆件内部之间的应力会发生变化,这个变化在杆件被破坏前后和荷载变化前后是有区别的,通过观察和研究结构各杆件的应力变化率,可以从杆件微小的应力变化中及时发现和判断结构的安全状况,从而保证结构的安全使用。同时,作为结构体系的关键杆件,荷载变化越大,其应力响应会越明显,可以通过结构应力变化率判断关键杆件,并确定杆件的重要性系数。所以,在杆件应力变化率的基础之上,确定杆件的重要性系数是合理可行的。

6.4 算 例 分 析

6.4.1 模型介绍

本次试验采用六角星型穹顶钢结构模型,如图6-31和图6-32所示,该模型由24根杆件组成,连接形式为螺栓连接。把所有24根杆件分为A,B,C三类,其中C类为1~6号杆件,B类为7~12号杆件,A类为16~24号杆件。

试验时采用动态测试系统分别测试模型的8根杆件(4根A类杆件、2根B类杆件、2根C类杆件)的应力变化,应变片采用1/4桥的连接方式。取得杆件的应力后,在Excel中计算各杆件对应的应力变化率,作图观察变化规律。进行分析时,如果应力变化率突然发生一个较大的变化,则认为该杆件被破坏。

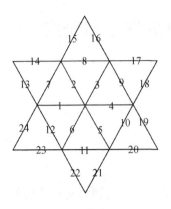

图 6-31　模型平面图

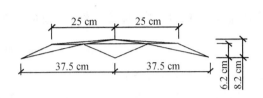

图 6-32　模型立面图

6.4.2　试验方案

【试验1】

1. 方案介绍

六角星型穹顶结构模型的中央节点为铰接。将 5 kg 的砝码分级加载于中央节点上(加载箱的质量为 25 kg),加载间隔时间为 15 s,如图 6-33 和图 6-34 所示。

图 6-33　试验 1 加载前结构形态

图 6-34　试验 1 加载后结构形态

2. 试验分析

六角星型穹顶结构模型在加载到第 14 个砝码(700 N)时,中央节点发生瞬时失稳,但整个结构仍具有很强的刚度及足够的恢复力。经过整理,各杆件的应力变化率如图 6-35 所示。

(1)A 类杆件(13,15,17,19)

从图 6-36 至图 6-39 中可知,13,15,17,19 号杆件均在 40 s 附近应力变化率发生较为明显的突变,取前三根杆件进行分析。在 40 s 附近,13,15,17 三根杆件的应力变化率分别为 -27.607 9、-27.607 9 和 -27.607 9。取三者的平均值,记为 K_{A1},则 $K_{A1} = 27.607$ 9(取绝对值进行研究)。

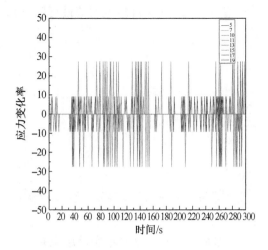

图6-35　试验1各杆件应力变化率汇总

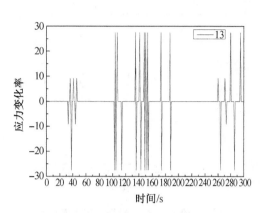

图6-36　A类13号杆件应力变化率

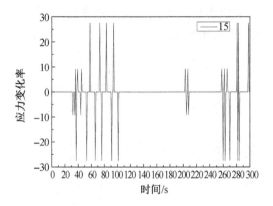

图6-37　A类15号杆件应力变化率

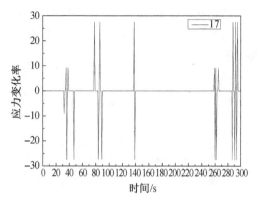

图6-38　A类17号杆件应力变化率

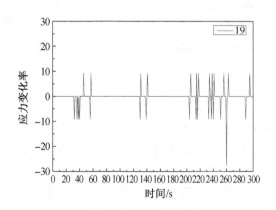

图6-39　A类19号杆件应力变化率

（2）B类杆件（10,11）

从图6-40和图6-41中可以得到,10号和11号杆件均在260 s附近应力变化率有较明显突变,故可取这两根杆件进行研究。10号杆和11号杆最大的应力变化率分别为

−27.247 4 和 −27.444 0。取两者平均值记为 K_{B1}，则有 $K_{B1} = 27.345\ 7$（取绝对值进行研究）。

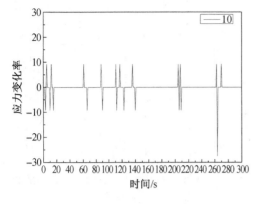

图 6−40　B 类 10 号杆件应力变化率

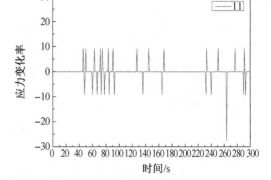

图 6−41　B 类 11 号杆件应力变化率

（3）C 类杆件(5,7)

从图 6−42 和图 6−43 中可以看出,5 号杆件的应力变化率没有突出的变化,没有实际的研究意义;7 号杆件第一次出现较明显突变时的应力变化率为 28.099 3,记为 K_{C1} = 28.099 3。

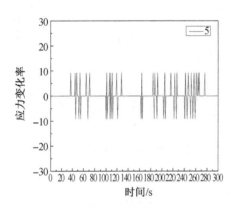

图 6−42　C 类 5 号杆件应力变化率

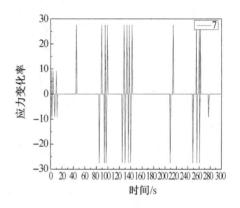

图 6−43　C 类 7 号杆件应力变化率

【试验 2】

1. 方案介绍

在六角星型穹顶结构模型中,拆除一根 C 类杆件,各节点均为刚接。将 5 kg 的砝码分级施加于中央节点上（加载箱质量为 25 kg）,分级施加荷载间隔时间为 15 s。

2. 试验分析

试验过程中,由于各节点刚接作用,中央节点没有发生瞬时失稳,经过几次停顿以后,在加载到 700 N 时结构失稳。各杆件应力变化率汇总如图 6−44 所示。

（1）A 类杆件(13,15,17,19)

从图 6−45 至图 6−48 可知,当杆件应力变化率第一次出现较大突变时,各杆件对应的应力变化率的值分别为 27.466 6（13 号）、27.466 6（15 号）、−27.466 6（17 号）和 −27.466 6（19 号）。取其平均值记为 K_{A2}，则有 $K_{A2} = 27.466\ 7$（取绝对值进行计算）。

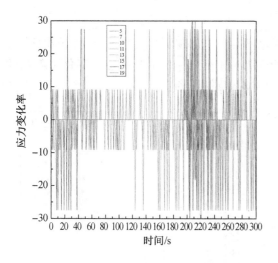

图 6 - 44　试验 2 各杆件应力变化率汇总

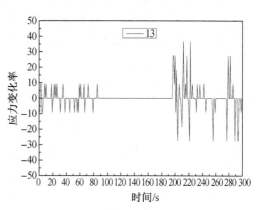

图 6 - 45　A 类 13 号杆件应力变化率

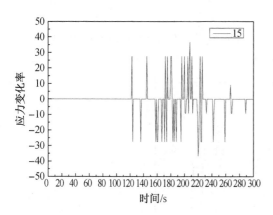

图 6 - 46　A 类 15 号杆件应力变化率

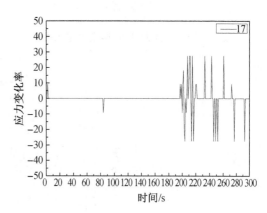

图 6 - 47　A 类 17 号杆件应力变化率

（2）B 类杆件（10,11）

从图 6 - 49 和图 6 - 50 可知,当杆件应力变化率第一次出现突变时,杆件 10 和杆件 11 的应力变化率值分别为 - 36.622 2 和 - 27.466 6。取两者平均值,记为 K_{B2},则 $K_{B2} = 32.044$ 4(取绝对值进行研究)。

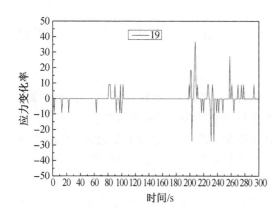

图 6 - 48　A 类 19 号杆件应力变化率

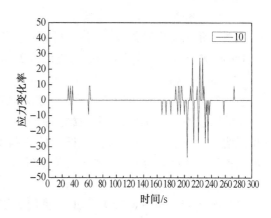

图 6 - 49　B 类 10 号杆件应力变化率

（3）C 类杆件（5，7）

从图 6 - 51 和图 6 - 52 可知，杆件应力变化率第一次出现明显突变时，杆件 5 和杆件 7 的应力变化率值分别为 - 27.466 6 和 - 27.466 7。由于杆件 5 刚开始应力变化率就比较大，与实际情况有背离，故取 $K_{C2} = 27.466\ 7$（取绝对值进行研究）。

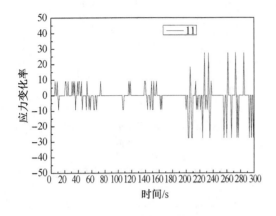

图 6 - 50　B 类 11 号杆件应力变化率　　　　图 6 - 51　C 类 5 号杆件应力变化率

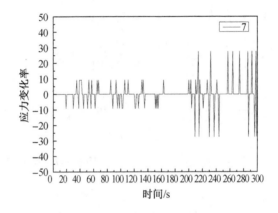

图 6 - 52　C 类 7 号杆件应力变化率

【试验 3】

1. 方案介绍

在六角星型穹顶结构模型中，拆除两根 C 类杆件，各节点刚接。将 5 kg 的砝码间隔 15 s 分级施加于中央节点上（加载箱质量为 25 kg）。

2. 试验分析

在节点刚接作用的影响下，结构分两次发生破坏。结构首先出现比较大的位移跳跃，但是此时没有完全倒塌；继续加载至 450 N，出现了明显的变形，结构被破坏。中央节点处出现明显的扭转失稳现象，拆除杆件处的两个节点也出现明显的扭转失稳迹象，其所对应的结构柱发生扭转破坏，如图 6 - 53 和图 6 - 54，试验 3 各杆件应力变化率如图 6 - 55。

（1）A 类杆件（13，15，17 和 19）

从图 6 - 56 至图 6 - 59 可知，杆件应力变化率出现第一次较大突变时，对应的值分别为 - 27.466 7（13 号）、- 9.155 6（15 号）、- 9.155 6（17 号）、- 9.155 5（19 号）。只有 13 号

杆件的应力变化率有突变,其他杆件的应力变化率变化比较稳定。综合考虑,确定该类杆件的重要性系数为 $K_{A3} = 7.929$。

图 6 – 53　试验 3 加载前结构形态

图 6 – 54　试验 3 加载后结构形态

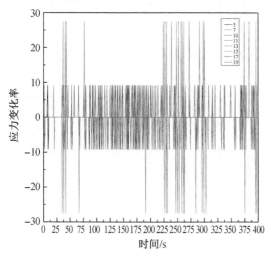

图 6 – 55　试验 3 各杆件应力变化率汇总

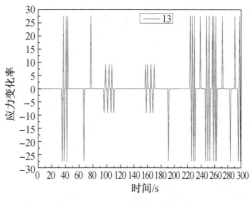

图 6 – 56　A 类 13 号杆件应力变化率

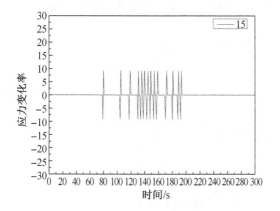

图 6 – 57　A 类 15 号杆件应力变化率

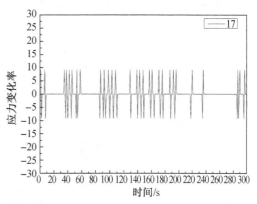

图 6 – 58　A 类 17 号杆件应力变化率

（2）B 类杆件（10 和 11）

由图 6 - 60 和图 6 - 61 可知,本组试验中,应力变化率是比较稳定的,且 11 号杆件的变化不是特别地明显,所以主要研究 10 号杆件的应力变化率。确定重要性系数 $K_{B3} = 12.948$。

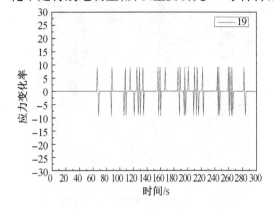

图 6 - 59 A 类 19 号杆件应力变化率

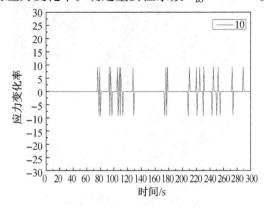

图 6 - 60 B 类 10 号杆件应力变化率

（3）C 类杆件（5,7）

由图 6 - 62 和图 6 - 63 可知,由于 5 号杆件的应力变化率不明显,所以该组试验取 7 号杆件研究。确定重要性系数 $K_{C3} = 9.1555$。

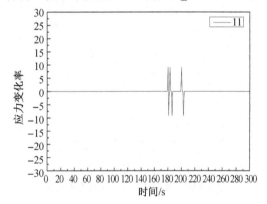

图 6 - 61 B 类 11 号杆件应力变化率

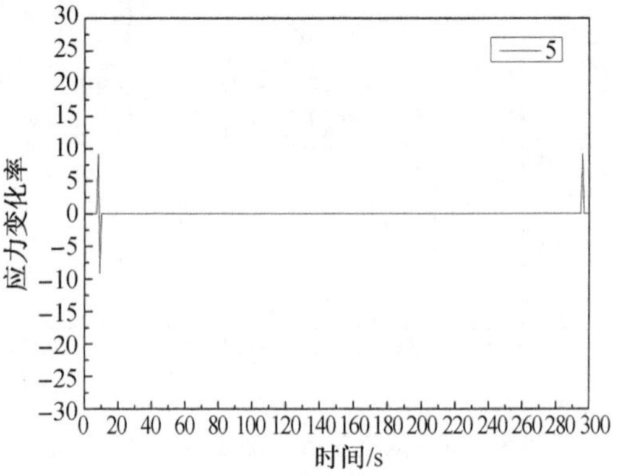

图 6 - 62 C 类 5 号杆件应力变化率

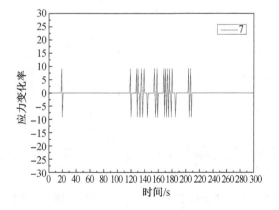

图 6 - 63 C 类 7 号杆件应力变化率

【试验4】

1.试验方案

在六角星型穹顶结构模型中,拆除一根 B 类杆件,各节点刚接。将 5 kg 的砝码间隔 15 s 分级施加于中央节点上(加载箱质量为 25 kg)。

2.试验分析

试验结果表明结构的整体承载力有一定的提高。破坏形态表明大部分杆件出现了弯扭失稳现象,拆除杆件对应的支座发生倾斜,其他相邻的支座出现扭转失稳,结构竖向变形较大,加载箱直接落在了地面上,如图 6 - 64 和图 6 - 65,试验 4 各杆件应力变化率如图 6 - 66。

图 6 - 64　试验 4 加载前结构形态

图 6 - 65　试验 4 加载后结构形态

（1）A 类杆件(13,15,17,19)

由图 6 - 67 至图 6 - 70 可知,各杆应力变化率都有较明显的突变。杆件应力变化率发生突变时对应的值如表 6 - 62 所示。

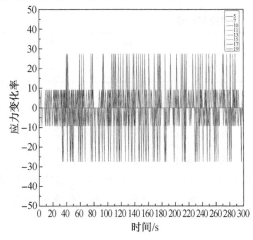

图 6 - 66　试验 4 各杆件应力变化率汇总

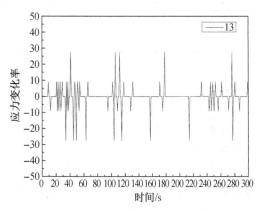

图 6 - 67　A 类 13 号杆件应力变化率

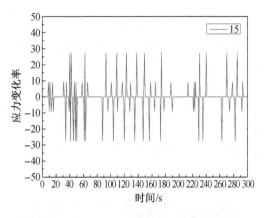

图 6 – 68 A 类 15 号杆件应力变化率　　　图 6 – 69 A 类 17 号杆件应力变化率

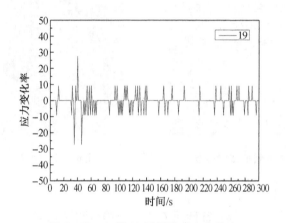

图 6 – 70 A 类 19 号杆件应力变化率

表 6 – 62 A 类杆件应力变化率值

杆件号	13	15	17	19	平均值
应变率	– 27. 466 7	– 27. 466 7	– 27. 466 7	– 27. 466 7	– 27. 466 7

从表 6 – 62 可得：$K_{A4} = 27.466\ 7$（取绝对值）。

（2）B 类杆件（10，11）

由图 6 – 71 和图 6 – 72 可知，10 号杆件的应力变化率有明显突变，11 号杆件的应力变化率变化比较稳定，没有突变发生。可读出 10 号杆件和 11 杆件应力变化率对应值分别为 – 27. 466 7 和 – 9. 155 6。由于 11 号杆件没有明显的突变，取 10 号杆件的变化率数值作为关键系数参考值，即 $K_{B4} = 27.466\ 7$（取绝对值）。

（3）C 类杆件（5，7）

由图 6 – 73 和图 6 – 74 可知，5 号杆件应力变化率变化没有突变，7 号杆件的应力变化率有明显突变。5 号杆件和 6 号杆件应力变化率对应值分别为 – 9. 155 6 和 27. 466 7，所以取 7 号杆件的数值作为关键系数参考值，即 $K_{C4} = 27.466\ 7$（取绝对值）。

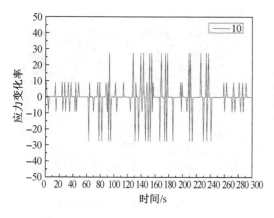

图6-71 B类10号杆件应力变化率

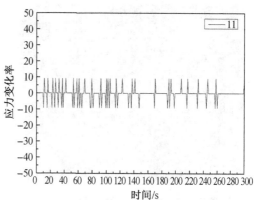

图6-72 B类11号杆件应力变化率

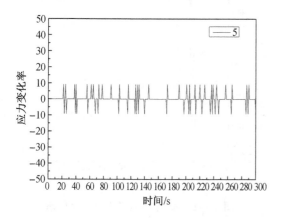

图6-73 C类5号杆件应力变化率

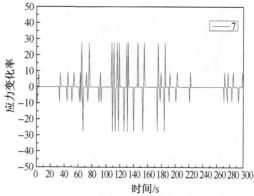

图6-74 C类7号杆件应力变化率

【试验5】

1.试验方案

在六角星型穿顶结构模型中,拆除一根A类杆件,各节点刚接。将5 kg的砝码间隔15 s分级施加于中央节点上(加载箱质量为25 kg)。

2.试验分析

在加载过程中,移除杆件所对应的节点具有较大的竖向节点位移,接着相邻节点在竖直方向产生较大位移。加载到1 350 N时,结构发生受扭破坏,如图6-75和图6-76,试验3各杆件应力变化率如图6-77。

(1)A类杆件(13,15,17,19)

由图6-78至图6-81可知,13,15,17号杆件的应力变化率有突变发生,19号杆件应力变化率比较平稳,为了研究方便,舍去19号杆件的应力变化率。其具体数据见表6-63。

图 6 - 75　试验 5 加载前结构形态

图 6 - 76　试验 5 加载后结构形态

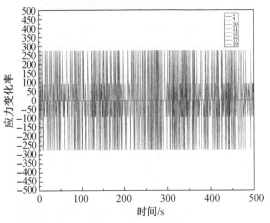

图 6 - 77　试验 5 各杆件应力变化率汇总

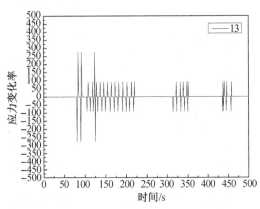

图 6 - 78　A 类 13 号杆件应力变化率

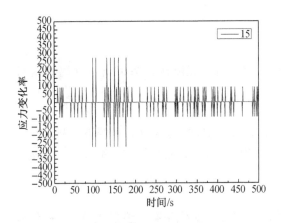

图 6 - 79　A 类 15 号杆件应力变化率

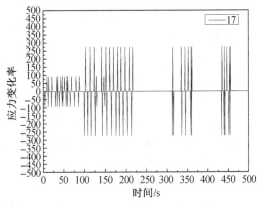

图 6 - 80　A 类 17 号杆件应力变化率

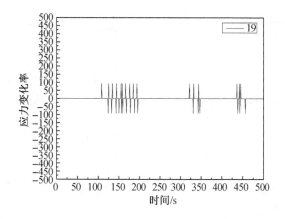

图 6 - 81　A 类 19 号杆件应力变化率

表 6 - 63　A 类杆件应力变化率

杆件号	13	15	17	19	平均值
应变率	- 27.466 6	- 27.466 6	- 27.466 6	9.155 5(舍)	- 27.466 6

从表 6 - 63 可得:K_{A5} = 27.466 6(取绝对值)。

（2）B 类杆件(10,11)

由图 6 - 82 和图 6 - 83 可知,10 号杆件有应力变化率的突变,11 号杆件没有显著突变。10 号杆件的应力变化率突变时对应值为 - 27.466 7,11 号杆件的应力变化率为 27.466 7。所以选择有突变的 10 号杆件作为关键系数的参考值,即 K_{B5} = 27.466 7(取绝对值)。

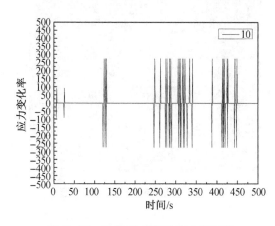

图 6 - 82　B 类 10 号杆件应力变化率

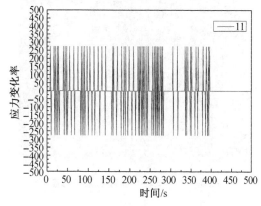

图 6 - 83　B 类 11 号杆件应力变化率

（3）C 类杆件(5,7)

由图 6 - 84 和图 6 - 85 可知,5 号杆件和 7 号杆件的应力变化率都保持在一个稳定水平,5 号杆件应力变化率为 - 9.155 5,而 7 号杆件从一开始应力变化率值就达 - 27.466 7。在这组试验中,取 5 号杆件的应力变化率作为 C 类杆件关键系数参考值,即 K_{C5} = 9.155 5（取绝对值）。

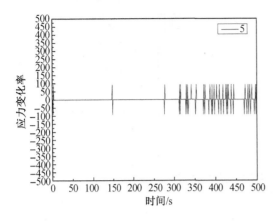

图 6-84　C 类 5 号杆件应力变化率　　　图 6-85　C 类 7 号杆件应力变化率

【试验 6】

1. 试验方案

在六角星型穹顶结构模型中,拆除两根 A 类杆件,也就是拆除一个支座即可,各节点刚接。将 5 kg 的砝码间隔 15 s 分级施加于中央节点上(加载箱质量为 25 kg)。

2. 试验分析

结构的整体承载力比试验 5 中的承载力要低,在试验过程中,移除支座杆件的那一边在竖直方向上有比较大的位移,整个结构会随着荷载的增加向移除支座的一侧发生位移,最终倾覆倒塌,如图 6-86 和图 6-87 所示。试验 6 各杆件应力变化率见图 6-88。

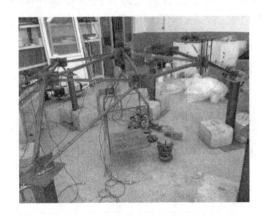

图 6-86　试验 6 加载前结构形态　　　图 6-87　试验 6 加载后结构形态

(1) A 类杆件(13,15,17,19)

由图 6-89 至图 6-92,采用同样的方法进行数据处理,见表 6-64。由于 15 号杆件的应变率突变出现在横坐标为 18,距离其他三个突变的位置比较远,为了避免 15 号杆件的应变值造成误差影响,所以现将 15 号杆件的应变率暂时舍弃。从表 6-64 中可以得到,A 类杆件的关键系数参考值为 $K_{A6} = 39.674\ 1$。

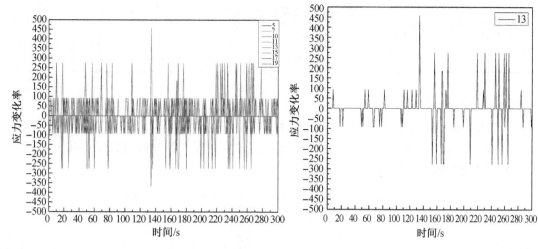

图 6-88 试验 6 各杆件应力变化率汇总　　　图 6-89 A 类 13 号杆件应力变化率

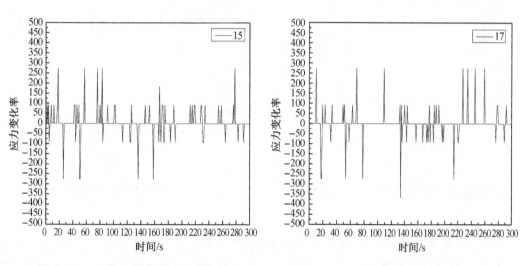

图 6-90 A 类 15 号杆件应力变化率　　　图 6-91 A 类 17 号杆件应力变化率

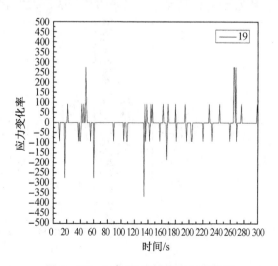

图 6-92 A 类 19 号杆件应力变化率

表 6 - 64　A 类杆件应力变化率

杆件号	13	15	17	19	平均值
应变率	45.777 8	27.466 6(舍)	36.622 2	36.622 2	39.674 1

(2)B 类杆件(10,11)

由图 6 - 93 和图 6 - 94 可知,应力变化率出现突变时,10 号杆件和 11 号杆件应力变化率对应值分别为 - 18.311 1 和 - 18.311 1。所以,这组试验 B 类杆件的关键系数可以取两者的平均数绝对值,即 K_{B6} = 18.311 1。

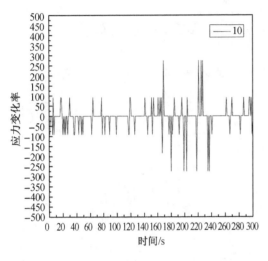

图 6 - 93　B 类 10 号杆件应力变化率　　　　图 6 - 94　B 类 11 号杆件应力变化率

(3)C 类杆件(5,7)

由图 6 - 95 和图 6 - 96 可知,5 号和 7 号杆件均存在应力变化率突变,且在突变位置 5号杆件和 7 号杆件对应的应力变化率值分别为 - 27.466 7 和 - 27.466 6,两者平均值为 - 27.466 7(四舍五入)。故 C 类杆件的关键系数参考值为 K_{C6} = 27.466 7(取绝对值)。

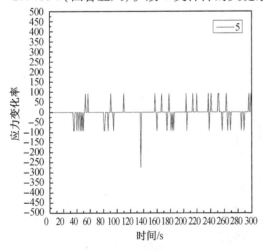
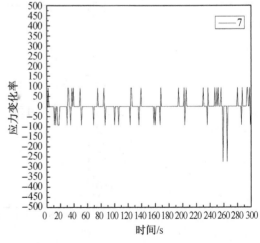

图 6 - 95　C 类 5 号杆件应力变化率　　　　图 6 - 96　C 类 7 号杆件应力变化率

【试验7】

1. 试验方案

在六角星型穹顶结构模型中,拆除四根 A 类杆件(拆除对角两个支座),各节点刚接。将 5 kg 的砝码间隔 15 s 分级施加于中央节点上(加载箱质量为 25 kg)。

2. 试验分析

结构的整体承载能力明显减弱。整个结构向移除支座杆件的方向倾斜,最终整体结构发生倾覆,但未倒塌,如图 6 - 97 和图 6 - 98,试验 7 各杆件应力变化率如图 6 - 99 所示。

图 6 - 97 试验 7 加载前结构形态

图 6 - 98 试验 7 加载后结构形态

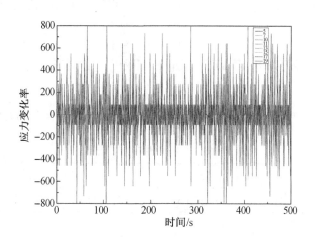

图 6 - 99 试验 7 各杆件应力变化率汇总

(1)A 类杆件(13,15,17,19)

如图 6 - 100 至图 6 - 103 所示,四根杆件发生应力变化率突变时,对应的应力变化率的值见表 6 - 65。A 类杆件的关键系数参考值为 $K_{A7} = 54.9333$(取绝对值)。

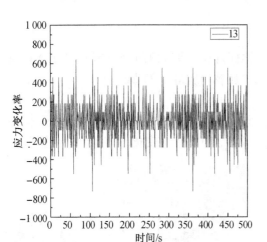

图 6 – 100　A 类 13 号杆件应力变化率

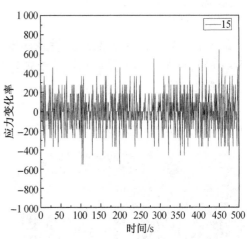

图 6 – 101　A 类 15 号杆件应力变化率

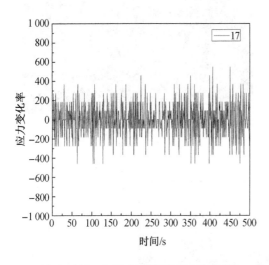

图 6 – 102　A 类 17 号杆件应力变化率

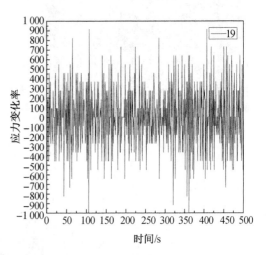

图 6 – 103　A 类 19 号杆件应力变化率

表 6 – 65　A 类杆件应力变化率值

杆件号	13	15	17	19	平均值
应变率	– 54.933 3	– 54.933 3	36.622 2（舍）	– 54.933 3	– 54.933 3

（2）B 类杆件(10,11)

由图 6 – 104 和图 6 – 105 可知,图线横坐标没有从 0 开始取值,是因为之前的应力变化率稳定,没有发生突变,为使图线简单明了,没有画出。从现有的两图中可以看出,杆件发生突变时对应的应力变化率值为 – 27.466 7(10 号)和 18.311 1(11 号)。由于 10 号杆件的突变比 11 号杆件的突变早发生,从保证结构安全的角度考虑,选用 10 号杆件的应变率作为关键系数参考值,即 $K_{B7} = 27.466$ 7。

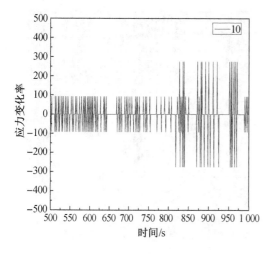

图 6-104 B 类 10 号杆件应力变化率 图 6-105 B 类 11 号杆件应力变化率

（3）C 类杆件(5,7)

由图 6-106 和图 6-107 可知,和 B 类杆件的数据处理原则一样,由于应变值分别为 -18.311 1(5 号)和 27.466 7(7 号),且 7 号杆件最先产生突变,所以 K_{C7} = 27.466 7。

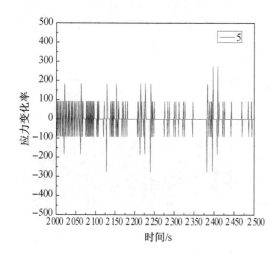

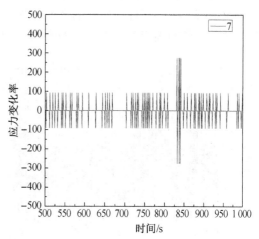

图 6-106 C 类 5 号杆件应力变化率 图 6-107 C 类 7 号杆件应力变化率

【试验 8】

1. 试验方案

在六角星型穹顶结构模型中,将 A 类杆件拆除六根(每个支座拆除一根),各节点刚接。将 5 kg 的砝码间隔 15 s 分级施加于中央节点上(加载箱质量为 25 kg)。

2. 试验分析

由于每个支座上面只有一根杆件和结构相连,杆与杆之间的连接可能没有那么紧固,所以结构在数值方向上很快发生较大位移,然后向结构的薄弱环节倾倒,最后结构发生破坏,但是并没有倒塌,如图 6-108 和图 6-109,试验 8 各类杆件应力变化率如图 6-110。

图 6－108 试验 8 加载前结构形态   图 6－109 试验 8 加载后结构形态

（1）A 类杆件(13,15,17,19)

由图 6－111 至图 6－114 可知，由于杆件数量的减少，结构在承受荷载时，产生的应力变化率相对较大。在图中可以明显看出出应力变化率的突变，在这些突变位置，各个杆件对应的应力变化率值见表 6－66,15、17 和 19 这三根杆件集中在 27 s 附近发生了应力变化率的突变，而 13 号杆件在较远的其他位置。为了避免影响，所以只采用 15,17,19 三根杆件参与关键系数的确定。所以 A 类杆件的关键系数参考值为 $K_{A8} = 36.622\ 2$。

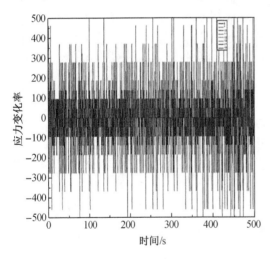

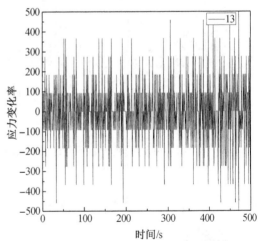

图 6－110 试验 8 各杆件应力变化率汇总   图 6－111 A 类 13 号杆件应力变化率

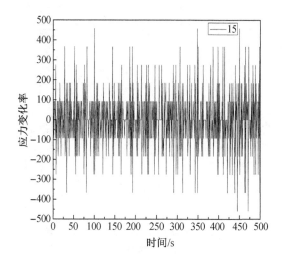

图 6-112　A 类 15 号杆件应力变化率　　　　图 6-113　A 类 17 号杆件应力变化率

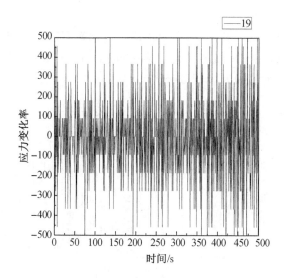

图 6-114　A 类 19 号杆件应力变化率

表 6-66　A 类杆件应力变化率值

杆件号	13	15	17	19	平均值
应变值	-45.777 8(舍)	36.622 3	-36.622 2	-36.622 2	36.622 2

（2）B 类杆件（10,11）

由图 6-115 和图 6-116 可知,10 号杆件在 31 s 时,第一次出现应力变化率突变,此时对应的应力变化率值为 -27.466 7;11 号杆件在 462 s 时,出现第一次应力变化率的突变,此时对应的应力变化率值为 -27.466 7。两根杆件突变出现先后差距较大,从安全角度考虑,取较早出现突变的 10 号杆件作为关键系数参考值,即 $K_{B8} = 27.466\ 7$。

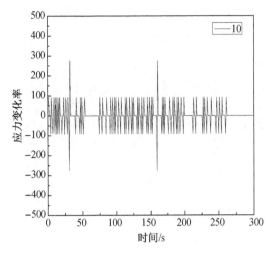

图 6 - 115　B 类 10 号杆件应力变化率

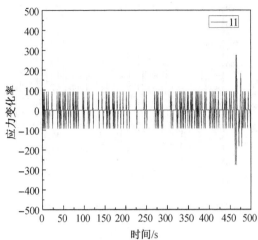

图 6 - 116　B 类 11 号杆件应力变化率

（3）C 类杆件（5,7）

由图 6 - 117 和图 6 - 118 可知,5 号杆件的应力变化率不存在突变,所以只考虑 7 号杆件的应力变化率。7 号杆件在 31 s 时第一次出现突变时对应的应力变化率为 - 27.446 7。因此,C 类杆件的关键系数参考值为 $K_{C8} = 27.466\ 7$。

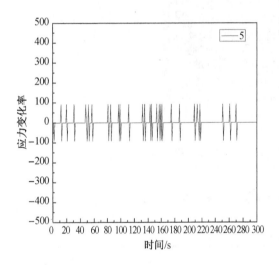

图 6 - 117　C 类 5 号杆件应力变化率

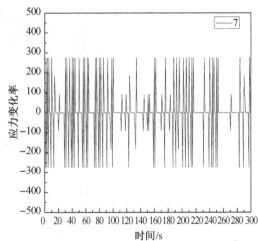

图 6 - 118　C 类 7 号杆件应力变化率

对以上全部试验数据进行处理分析,可分别得到 A,B,C 三类杆件在不同工况下相应的应力变化率值。对结果进行汇总,见表 6 - 67 所示。

表 6 - 67　杆件应力变化率统计值

次序	A 类杆件	B 类杆件	C 类杆件	次序	A 类杆件	B 类杆件	C 类杆件
第一次	27.607 9	27.345 7	28.099 9	第五次	27.466 7	27.466 7	9.155 5
第二次	27.466 7	32.044 4	27.466 7	第六次	39.674 1	18.311 1	27.466 7
第三次	7.929	12.948	9.155 5	第七次	54.933 3	27.466 7	27.466 7
第四次	27.466 7	27.466 7	27.466 7	第八次	36.622 2	27.466 7	27.466 7

从表 6 - 67 中能够得到 A、B、C 三类杆件在八次试验中分别的应力变化率值,而且应力变化率值不能直接作为杆件的关键系数参与后续的计算工作。为此,需要对表格中的数据进行一定的合理化处理。

假设杆件的应力变化率为一随机变量,且各类杆件在试验的过程中,得到的应力变化率服从正态分布,分别得到三类杆件的期望和标准差,见表 6 - 68。

表 6 - 68　三类杆件期望和标准差统计

A	B	C
30.506 7	25.064 5	22.968 0
149.547	33.677 9	63.636 5

假定应力变化率服从正态分布,可得如下关系。

杆件 A:$Z(X_A) \sim (30.506\ 7, 149.547)$。

杆件 B:$Z(X_B) \sim (25.064\ 5, 33.677\ 9)$。

杆件 C:$Z(X_C) \sim (22.968\ 0, 63.636\ 5)$。

在具有 95% 以上保证率的条件下,三类杆件关键系数的最小取值分别为 $K_A = 50.084\ 4$,$K_B = 34.633\ 9$ 和 $K_C = 36.130\ 4$。为使应力变化率作为关键系数时取到合适的值,下面采用两种方法对三个应力变化率进行处理。

方法一:利用公式对关键系数进行适当变换,可得 $K_A = 0.710$,$K_B = 0.490$,$K_C = 0.510$。

方法二:采用归一化的方法,将所有值除以其中的最大值。用此方法进行计算得到三类杆件的关键系数分别为 $K_A = 1$,$K_B = 0.69$,$K_C = 0.72$。

两者比较可知,用归一划方法得到的关键系数是比较合理的。因此,可采用此方法获得结构杆件的重要性系数(关键系数)。

6.5　基于能量法的可靠性研究

能量守恒原理是自然界普遍存在的一个规律,应用能量原理解决问题的方法称为能量法。本书所采用的能量法,源自 20 世纪 60 年代初期 Lyon 提出的统计能量法。该方法从能量法的角度,将空间杆系结构按照杆件的不同类型划分子系统,通过分析损耗因子和耦合损耗因子之间的关系来确定杆件可靠度。

子系统是由杆件组成的,杆件有一定的能量承受范围。在对系统杆件施加荷载的过程

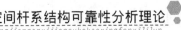
中,外荷载对系统做功输入能量。子系统在整个的加载破坏过程中,存在自身能量损耗和能量向外传递两种形式。如果杆件自身损耗的能量超过其可承受范围,那么杆件将会发生破坏。而且由于在能量分配的过程中,子系统内部损耗是结构处理外载做功的主要方式,而耦合因子增大将会促使内部损耗因子的突变,对能量的分布产生影响。子系统内部损耗能量越大,则杆件的稳定性越小,也就是杆件的可靠性会减小。所以,子系统的内部损耗因子以及耦合损耗因子可以直接和子系统的可靠度建立联系。

本书对星型穹顶结构的内损耗因子和耦合损耗因子通过试验进行了相关分析和研究。将能量法用于分析星型穹顶结构的可靠性,需要的两个关键因素就是内部损耗因子和耦合损耗因子,这两个因素即可表征系统杆件之间的能量传递情况,对结构的可靠度进行预测。

从前述分析可知,子系统Ⅰ的内损耗因子一直比较小,小于其他子系统内损耗因子;对于子系统Ⅱ和子系统Ⅲ,内损耗因子随着耦合损耗因子的增加而增加;子系统Ⅳ和子系统Ⅴ,内损耗因子随着耦合损耗因子的增加而减少;子系统Ⅵ的内损耗因子比较大,明显大于其他子系统的内损耗因子。

由于子系统Ⅰ的内部损耗因子始终比较小,可以认为子系统Ⅰ的能量损耗受到其他杆件的制约情况较小,可靠性比较高。其他各子系统,内部损耗因子越大,说明杆件的能量损耗越大,进而说明杆件的失效概率就越高。所以,内损耗因子与可靠度之间是反比关系,即内损耗因子越大,子系统可靠性越低。

6.5.1　验证性试验

为了分析用能量法确定结构可靠度的可靠性和可行性,验证内部损耗因子的变化规律是否真实有效,本书进行了验证性试验。试验采用的是六角星型穹顶结构模型,不同的是没在拉索上设置配重以增加结构的极限承载力,而是在中央节点上设置一根连杆与拉索连接,使得拉索拉紧,构成整体受力状态。所以,在研究的时候,拉索和中央节点作为同一个子系统进行数据分析,不再单独对拉索进行分析研究。

1. 结构节点挠度

试验1:加载方式为对称逐级加载,在6个节点同时加载,每级荷载5.1 kg。施加第一级荷载后,所有节点均有较小的竖向位移;施加第二级荷载后结构发生失稳破坏,节点变形。试验1节点挠度见表6-69。

表6-69　试验1节点挠度　　　　单位:cm

试验荷载/kg	节点1	节点2	节点3	节点4	节点5	节点6	中间支座
0	0	0	0	0	0	0	0
5.1	0.82	0.50		0.33	0.68	1.32	0.73
5.1	坏	坏	坏	坏	坏	坏	坏
降幅	0.82	0.50		0.33	0.68	1.32	0.73

试验2:加载方式为对称逐级加载,在周围6个节点同时加载,每级荷载为5.1 kg。施加第一级荷载后,所有节点在竖直方向发生较小位移;施加第二级荷载后,结构发生失稳破坏。试验2节点挠度见表6-70。

表 6-70　试验 2 节点挠度　　　　　　　　　　单位:cm

试验荷载/kg	节点 1	节点 2	节点 3	节点 4	节点 5	节点 6	中间支座
0	0	0	0	0	0	0	0
5.1	0.15	0.10	0.06	0.04	1.8	0.33	0.02
5.1	破坏						
降幅	0.15	0.10	0.06	0.04	1.8	0.33	0.02

试验 3:加载方式为对称逐级加载,在周围的 6 个节点同时加载。施加第一级荷载为 2.5 kg,结构在竖直方向产生较小位移;施加第二级荷载后,结构产生较大的竖向位移,但是结构整体稳定性仍较好;接着施加第三级和第四级荷载均为 1.2 kg,两次都在竖直方向产生位移,结构没有被破坏;施加第五级荷载 0.6 kg 后,节点继续在竖直方向产生位移变形;继续施加 0.6 kg 荷载之后,结构发生破坏。试验 3 节点挠度见表 6-71。

表 6-71　试验 3 节点挠度　　　　　　　　　　单位:cm

试验荷载/kg	节点 1	节点 2	节点 3	节点 4	节点 5	节点 6	中间支座
0	0	0	0	0	0	0	0
2.5	0.24	0.18	0.11	0.19	0.22	0.22	0.30
2.5	2.67	2.12	0.75	0.46	0.98	2.23	1.55
1.2	1.57	0.41	0.50	0.35	0.62	1.27	0.94
1.2	1.88	1.37	0.75	0.45	1.12	2.22	1.31
0.6		1.60	1.70	0.65	0.53	1.13	1.68
0.6	破坏						
降幅	超量程	5.68	3.81	2.1	3.47	7.07	5.78

试验 4:加载方式为对称逐级加载,在周围的 6 个节点同时加载。施加第一级荷载 5.1 kg 之后,节点发生较小的竖向位移;施加第二级荷载和第三级荷载 2.5 kg 之后,分别产生竖向位移变形;再次施加 1.2 kg 的荷载后,结构发生破坏。试验 4 节点变形见表 6-72。

表 6-72　试验 4 节点挠度　　　　　　　　　　单位:cm

试验荷载/kg	节点 1	节点 2	节点 3	节点 4	节点 5	节点 6	中间支座
0	0	0	0	0	0	0	0
5.1	0.60	0.38	0.50	0.50	1.18	1.25	0.76
2.5	0.95	0.71	0.85	0.95	1.60	1.60	1.10
2.5	3.65	2.81		1.35	2.30	3.30	2.75
1.2	破坏						
降幅	5.2	3.90	超量程	2.80	5.08	6.15	4.61

试验5:加载方式为对称逐级加载,在周围的6个节点同时加载。施加三级荷载之后,结构被破坏。试验5节点挠度见表6-73。

表6-73 试验5节点挠度   单位:cm

试验荷载/kg	节点1	节点2	节点3	节点4	节点5	节点6	中间支座
0	0	0	0	0	0	0	0
5.1	0.32	0.27	0.35	0.33	0.38	0.45	0.38
5.1	1.08	1.74	1.50	1.20	2.25	2.5	1.89
2.5	破坏						
降幅	1.40	2.01	1.85	1.53	2.63	2.95	2.27

2. 结构杆件应变

试验1:加载方式为对称加载,在周围六个节点同时加载,施加两级荷载(5.1 kg、5.1 kg)以后星型穹顶结构倒塌,对应杆件应变见表6-74。

表6-74 试验1杆件应变

A6-1	A6-2	A6-3	A6-4	试验荷载/kg
0.008 634 769	-3.093 565 458	4.489 148 694	-2.021 090 354	0
0.539 371 47	-20.487 664 63	34.565 836 93	-9.185 710 58	5.1
10.213 924 76	-51.113 363 53	59.372 344 24	-9.377 312 515	5.1

试验2:加载方式为对称加载,在六个节点同时进行加载,施加两级荷载(5.1 kg、5.1 kg)以后星型穹顶结构倒塌,对应杆件应变见表6-75。

表6-75 试验2杆件应变

A6-1	A6-2	A6-3	A6-4	试验荷载/kg
1.021 981 206	0.919 946 411	1.524 944 974	1.008 739 259	0
-1.812 076 248	-7.105 620 3	9.807 708 343	-2.165 494 882	5.1
33.804 602 07	-23.857 198 57	44.441 500 46	21.162 255 03	5.1

试验3:加载方式为对称加载,在六个节点同时进行加载,施加六级荷载(2.5 kg、2.5 kg、1.2 kg、1.2 kg、0.6 kg、0.6 kg)以后星型穹顶结构倒塌,对应杆件应变见表6-76。

表 6 – 76　试验 3 杆件应变

A6 – 1	A6 – 2	A6 – 3	A6 – 4	试验荷载/kg
0.272 332 808	− 0.026 577 924	0.191 123 422	− 0.157 063 107	0
4.211 761 845	− 6.416 984 469	6.869 855 148	− 10.835 137 22	2.5
5.979 411 224	− 13.487 634 15	12.856 536 63	− 15.306 227 52	2.5
8.884 188 249	− 23.638 604 23	8.260 590 828	− 21.930 771 06	1.2
6.560 206 268	− 30.806 806 6	21.983 747 69	− 23.678 795 15	1.2
− 47.459 184 24	− 42.018 420 41	30.298 542 87	− 4.506 937 269	0.6
− 47.258 610 01	− 29.765 766 28	− 30.495 457 17	8.767 012 917	0.6

试验 4:加载方式为对称加载,在六个节点同时加载,施加四级荷载(5.1 kg、2.5 kg、2.5 kg、1.2 kg)以后星型穹顶结构被破坏,对应杆件应变见表 6 – 77。

表 6 – 77　试验 4 杆件应变

A6 – 1	A6 – 2	A6 – 3	A6 – 4	试验荷载/kg
0.147 161 737	0.102 727 08	0.161 230 87	0.201 301 26	0
− 19.354 535 49	1.090 459 71	43.584 731 02	− 5.018 806 066	5.1
− 45.443 522 11	− 6.775 960 947	55.974 988 2	− 10.566 588 15	2.5
− 58.169 589 16	− 13.689 632 15	78.800 348 91	− 11.403 219 76	2.5
− 80.027 034 06	− 39.116 223 48	107.656 964 9	1.1469 047 97	1.2

试验 5:加载方式为对称加载,在六个节点同时加载,施加三级荷载(5.1 kg、5.1 kg、2.5 kg)以后星型穹顶结构被破坏,对应杆件应变见表 6 – 78。

表 6 – 78　试验 5 杆件应变

A6 – 1	A6 – 2	A6 – 3	A6 – 4	试验荷载/kg
− 0.364 096 544	− 0.737 639 128	0.008 788 664	0.099 101 712	0
− 12.949 472 16	− 22.042 346 61	− 10.076 087 54	− 19.181 902 49	5.1
− 54.304 926 55	− 47.094 015 67	− 24.554 789 86	− 43.930 778 59	5.1
− 37.303 560 07	− 114.450 941 6	4.583 734 105	− 19.428 617 14	2.5

3. 试验数据分析

在子系统Ⅱ、子系统Ⅲ、子系统Ⅳ和子系统Ⅵ中各选取一根杆件进行验证。通过杆件的应变和节点的挠度变化,对外荷载做功产生的能量进行合理分配,得到内部损耗因子的变化如图 6 – 119 至图 6 – 122 所示。

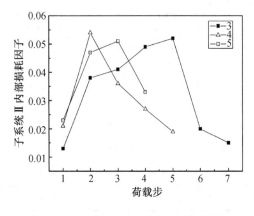

图 6 – 119　子系统Ⅱ内部损耗因子变化

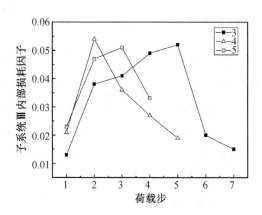

图 6 – 120　子系统Ⅲ内部损耗因子变化

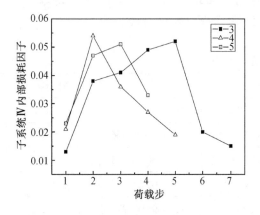

图 6 – 121　子系统Ⅳ内部损耗因子变化

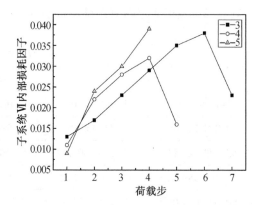

图 6 – 122　子系统Ⅵ内部损耗因子变化

图 6 – 119 表示的是子系统Ⅱ内部损耗因子的变化,可以发现内部损耗因子均呈现出先增大后减小的变化趋势;从图 6 – 120 可以发现,内部损耗因子都是先减小后增大的变化趋势,其中试验 3 的最后有一段下降趋势;从图 6 – 121 可以发现,内部损耗因子的变化趋势也保持一致,即先增大后减小;由图 6 – 122 可以发现,子系统Ⅵ的内部损耗因子变化趋势都是持续上升,基本保持一致,唯一不同的是试验 3 和试验 4 的最后一部分出现了一段下降趋势。

可见,运用能量法对六角星型穹顶结构可靠性进行分析,计算各子系统的内部损耗因子表征的可靠度是可行的。

6.5.2　星型穹顶结构可靠度计算

结构的杆件可以分为 A、B、C 三类:结构中心的 6 根径向杆件为 A 类;往外一圈的 6 根环向杆件为 B 类;最后的 12 根支座杆件为 C 类。24 根杆件可以分为Ⅰ ~ Ⅵ共六个子系统,每一个子系统均有各自的可靠度。由于子系统Ⅰ内部损耗因子很小,几乎不承担能量损耗,所以不再对子系统Ⅰ进行研究。

对于该星型穹顶结构模型,若把其中任何一根杆件失效作为一个失效模式,那么总共有 24 种不同的失效模式。在进行计算时,采用控制变量法,在保持其余杆件可靠度不变的情况下,对选用杆件进行可靠度计算。最后判断结构体系的失效概率的上下限,以此对星型穹顶结构的可靠性进行评价。

星型穹顶结构各杆件的重要系数和可靠度见表6-79和表6-80所示。星型穹顶结构在进行系统失效概率上下界限计算的时候,由于杆件的重要性系数都采用了两种方法进行确定,所以对两组重要性系数分别选用一次;杆件的可靠度通过归一化的方法得到,而且已经证明其可靠性,得到的可靠度按照耦合损耗因子可以分为三组。因此由两组重要性系数和三组可靠度分别进行自由组合,可以得到六个不同的算例,有关于结构系统的六个失效概率界限。

表6-79 各类杆件的重要性系数

杆件类别	方法一重要性系数	方法二重要性系数
A 类杆件	0.71	1
B 类杆件	0.49	0.69
C 类杆件	0.51	0.72

表6-80 各子系统可靠度

I	II	III	IV	V
1.74	2.05	1.16	3.69	1
1.73	2.04	1.18	3.91	1
1.72	2.02	1.24	4.49	1

算例1:算例条件如表6-81所示,算例结果见表6-82和6-83。

表6-81 算例1已知条件

失效模式	可靠度	重要性系数
1	1.74	0.71
2	2.05	0.49
3	1.16	0.49
4	3.69	0.51
5	1.0	0.51

表6-82 算例1二阶共失效概率值

1-2	1-3	1-4	1-5	6-3
0.003 0	0.021 0	0	0.033 3	0.011 9

6-4	6-5	6-4	6-5	6-5
0	0.020 3	0	0.034 1	0.045 2

表6-83　算例1三阶共失效概率值

1-6-3	1-6-4	1-6-5	1-6-4	1-6-5
0.021 1	0	0.039 4	0	0.033 3
1-6-5	6-6-4	6-6-5	6-6-5	6-6-5
0.096 6	0	0.040 3	0.029 2	0.029 2

从表6-82和表6-83可以看出,三阶共失效概率相对二阶共失效概率要大,在原有二阶基础上再加一种失效模式,共失效概率会增加。在同样的阶数条件下,比较失效模式1-6-3和失效模式1-6-5可以看出,失效概率随着子系统可靠度的增加而降低,并且通过其他几组的比较可以知道可靠度增加越多,失效概率降低越多。

算例2:算例条件、算例计算结果分别见表6-84、表6-85和表6-86。

表6-84　算例2已知条件

失效模式	可靠度	重要性系数
1	1.73	0.71
2	2.04	0.49
3	1.18	0.49
4	3.91	0.51
5	1.0	0.51

表6-85　算例2二阶共失效概率值

1-2	1-3	1-4	1-5	6-3
0.004 4	0.029 4	0	0.034 2	0.013 7
6-4	6-5	6-4	6-5	6-5
0	0.021 1	0	0.033 8	0.046 3

表6-86　算例2三阶共失效概率值

1-6-3	1-6-4	1-6-5	1-6-4	1-6-5
0.023 3	0	0.040 4	0	0.032 1
1-6-5	6-6-4	6-6-5	6-6-5	6-6-5
0.100 2	0	0.039 4	0.028 5	0.028 5

将表6-85与表6-86进行比较,可得失效概率随着子系统可靠度降低而增加,三阶共失效概率与二阶失效概率相比概率值相对会大,说明结构组合会使结构体系的失效概率增加。

算例3:算例条件、算例计算结果分别见表6-87、表6-88和表6-89。

表 6 - 87　算例 3 已知条件

失效模式	可靠度	重要性系数
1	1.72	0.71
2	2.02	0.49
3	1.24	0.49
4	4.49	0.51
5	1.0	0.51

表 6 - 88　算例 3 二阶共失效概率值

1 - 2	1 - 3	1 - 4	1 - 5	6 - 3
0.005 2	0.028 7	0	0.034 8	0.016 0
6 - 4	6 - 5	6 - 4	6 - 5	6 - 5
0	0.021 7	0	0.031 7	0.047 1

表 6 - 89　算例 3 三阶共失效概率值

1 - 6 - 3	1 - 6 - 4	1 - 6 - 5	1 - 6 - 4	1 - 6 - 5
0.024 8	0	0.041 2	0	0.031 3
1 - 6 - 5	6 - 6 - 4	6 - 6 - 5	6 - 6 - 5	6 - 6 - 5
0.100 9	0	0.038 8	0.027 4	0.027 4

算例 3 中并没有改变重要性系数,只是对各子系统的可靠度进行了调整。比较可知,失效模式 1 和失效模式 2 的可靠度略微减小,失效模式 3 和失效模式 4 的可靠度有所增加,其中失效模式 4 的增加最为明显。再看失效概率,对于失效模式 1 和失效模式 2 组合的新失效模式,由于其本身可靠度变化不明显,所以失效概率无显著变化。综合算例 1、算例 2 和算例 3 的结果,会发现可靠度对于失效概率有影响,而且失效概率与可靠度成反比,即可靠度越大,失效概率越小。

算例 4:算例条件、算例计算结果分别见表 6 - 90、表 6 - 91 和表 6 - 92。

表 6 - 90　算例 4 已知条件

失效模式	可靠度	重要性系数
1	1.74	1
2	2.05	0.69
3	1.16	0.69
4	3.69	0.72
5	1.0	0.72

表 6-91   算例 4 二阶共失效概率值

1-2	1-3	1-4	1-5	6-3
0.007 6	0.059 1	0	0.101 3	0.035 3
6-4	6-5	6-4	6-5	6-5
0	0.062 7	0	0.055 3	0.179 9

表 6-92   算例 4 三阶共失效概率值

1-6-3	1-6-4	1-6-5	1-6-4	1-6-5
0.102 5	0	0.128 7	0	0.082 5
1-6-5	6-6-4	6-6-5	6-6-5	6-6-5
0.230 8	0	0.078 6	0.127 1	0.127 1

在子系统可靠度相同的前提下,将各子系统的重要性系数变大,失效概率也变大,说明在结构系统中,越重要的杆件,越容易发生破坏。但是从变化量看,失效概率的变化仅仅局限在小数点最后几位,说明重要性系数的影响并不大。

算例 5:算例条件、算例计算结果分别见表 6-93、表 6-94 和表 6-95。

表 6-93   算例 5 已知条件

失效模式	可靠度	重要性系数
1	1.73	1
2	2.04	0.69
3	1.18	0.69
4	3.91	0.72
5	1.0	0.72

表 6-94   算例 5 二阶共失效概率值

1-2	1-3	1-4	1-5	6-3
0.008 1	0.058 7	0	0.101 8	0.036 5
6-4	6-5	6-4	6-5	6-5
0	0.063 0	0	0.054 9	0.180 6

表 6-95   算例 5 三阶共失效概率值

1-6-3	1-6-4	1-6-5	1-6-4	1-6-5
0.103 3	0	0.129 4	0	0.081 2
1-6-5	6-6-4	6-6-5	6-6-5	6-6-5
0.231 3	0	0.077 6	0.126 5	0.126 5

将算例5与算例2进行比较,同样在各子系统可靠度不变的条件下,采用另一种重要性系数,即把重要性系数扩大,失效概率随着重要性系数增大而增加,可见重要性系数对失效概率确实有影响。

算例6:算例已知条件、算例计算结果分别见表6-96、表6-97和表6-98。

表6-96 算例6已知条件

失效模式	可靠度	重要性系数
1	1.72	1
2	2.02	0.69
3	1.24	0.69
4	4.49	0.72
5	1.0	0.72

表6-97 算例7二阶共失效概率值

1-2	1-3	1-4	1-5	6-3
0.009 5	0.058 0	0	0.102 4	0.037 1
6-4	6-5	6-4	6-5	6-5
0	0.063 5	0	0.054 1	0.181 3

表6-98 算例7三阶共失效概率值

1-6-3	1-6-4	1-6-5	1-6-4	1-6-5
0.104 1	0	0.130 1	0	0.080 4
1-6-5	6-6-4	6-6-5	6-6-5	6-6-5
0.232 0	0	0.076 8	0.125 9	0.125 9

算例7:为研究结构可靠度对系统失效概率的影响,取算例1中的可靠度为基本量,在此基础上对可靠度分别做以下增量处理:-0.4,-0.2,0.2和0.4。算例已知条件、算例计算和上下界限结果见表6-99至表6-108所示。

表6-99 算例7已知条件

失效模式	可靠度1	可靠度2	可靠度3	可靠度4	可靠度5	重要性系数
1	1.34	1.54	1.74	1.94	2.14	0.71
2	1.65	1.85	2.05	2.25	2.45	0.49
3	0.76	0.96	1.16	1.36	1.56	0.49
4	3.29	3.49	3.69	3.89	4.09	0.51
5	0.60	0.80	1.00	1.20	1.40	0.51

表 6 – 100   可靠度 1 的二阶共失效概率

1 – 2	1 – 3	1 – 4	1 – 5	6 – 3
0.011 3	0.061 3	0	0.095 4	0.039 8
6 – 4	6 – 5	6 – 4	6 – 5	6 – 5
0	0.065 4	0	0.090 4	0.144 4

表 6 – 101   可靠度 1 的三阶共失效概率

1 – 6 – 3	1 – 6 – 4	1 – 6 – 5	1 – 6 – 4	1 – 6 – 5
0.061 0	0	0.101 5	0	0.100 5
1 – 6 – 5	6 – 6 – 4	6 – 6 – 5	6 – 6 – 5	6 – 6 – 5
0.240 0	0	0.077 0	0.050 4	0.050 4

表 6 – 102   可靠度 2 的二阶共失效概率

1 – 2	1 – 3	1 – 4	1 – 5	6 – 3
0.006 0	0.036 6	0	0.059 2	0.022 1
6 – 4	6 – 5	6 – 4	6 – 5	6 – 5
0	0.036 6	0	0.057 0	0.080 1

表 6 – 103   可靠度 2 的三阶共失效概率

1 – 6 – 3	1 – 6 – 4	1 – 6 – 5	1 – 6 – 4	1 – 6 – 5
0.006 8	0	0.057 6	0	0.057 5
1 – 6 – 5	6 – 6 – 4	6 – 6 – 5	6 – 6 – 5	6 – 6 – 5
0.150 6	0	0.054 5	0.039 0	0.039 0

表 6 – 104   可靠度 4 的二阶共失效概率

1 – 2	1 – 3	1 – 4	1 – 5	6 – 3
0.001 4	0.011 6	0	0.018 9	0.006 3
6 – 4	6 – 5	6 – 4	6 – 5	6 – 5
0	0.010 9	0	0.019 6	0.025 0

表 6 – 105   可靠度 4 的三阶共失效概率

1 – 6 – 3	1 – 6 – 4	1 – 6 – 5	1 – 6 – 4	1 – 6 – 5
0.012 7	0	0.019 5	0	0.019 2
1 – 6 – 5	6 – 6 – 4	6 – 6 – 5	6 – 6 – 5	6 – 6 – 5
0.061 3	0	0.029 5	0.021 2	0.021 2

表 6 - 106　可靠度 5 的二阶共失效概率

1 - 2	1 - 3	1 - 4	1 - 5	6 - 3
0.006 5	0.006 1	0	0.010 4	0.003 1
6 - 4	6 - 5	6 - 4	6 - 5	6 - 5
0	0.005 7	0	0.010 6	0.013 7

表 6 - 107　可靠度 5 的三阶共失效概率

1 - 6 - 3	1 - 6 - 4	1 - 6 - 5	1 - 6 - 4	1 - 6 - 5
0.007 4	0	0.011 2	0	0.010 8
1 - 6 - 5	6 - 6 - 4	6 - 6 - 5	6 - 6 - 5	6 - 6 - 5
0.040 9	0	0.021 3	0.014 9	0.014 9

表 6 - 108　各工况失效概率上下界限

	可靠度 1	可靠度 2	可靠度 3	可靠度 4	可靠度 5
上界限	0.632 5	0.621 7	0.611 3	0.596 4	0.578 2
下界限	0.401 7	0.392 1	0.383 7	0.364 2	0.345 9

表 6 - 109 是在有限试验次数基础上,通过计算得到的结构系统失效概率界限范围。可知,结构系统失效概率的上限值在 0.63 左右,结构系统失效概率的下限值在 0.40 左右。所以按照计算结果,得到的本验证试验中六角星型穹顶结构系统的失效概率 P_f 范围为

$$0.40 \leqslant P_f \leqslant 0.63$$

通过杆件可靠度及重要性系数对失效概率的影响分析,可知,可靠度对失效概率有影响,可靠度越大,共失效概率越小;重要性系数对共失效概率也存在影响。通过应力变化率法和能量法计算子系统的重要性系数和可靠度,可用于杆系结构可靠度计算。

表 6 - 109　各算例在特定工况条件下结构系统可靠度界限

	算例 2	算例 3	算例 4	算例 5	算例 6	算例 7
上界限	0.611 3	0.621 6	0.617 4	0.642 7	0.649 3	0.632 6
下界限	0.383 7	0.391 5	0.387 7	0.421 2	0.416 6	0.415 8

附录 近些年发表的相关文章及专利

一、相关文章

1. 武志玮,刘鑫,刘国光. 基于刚度变化率法的空间杆系结构破坏预测研究[J]. 空间结构,2017,23(01):19-23,53.

2. 刘国光,武志玮,刘鑫. 杆系结构鲁棒性应变能敏感度分析及试验[J]. 振动、测试与诊断,2016,36(03):556-561,608.

3. 胡东江,胡钟予,刘国光,等. 一种新型荷载缓和穹顶结构模型实验研究[J]. 黑龙江科技信息,2016(13):116-117.

4. 武志玮,刘国光,易莹. 考虑积雪漂移效应的单层柱面网壳结构承载能力研究[J]. 科技通报,2016,32(03):175-179,199.

5. 刘国光,武志玮,徐有华. 考虑群体效应的高层建筑风力发电可行性风洞试验研究[J]. 科技通报,2015,31(11):181-185,193.

6. 刘鑫,胡钟予,刘国光,等. 基于刚度修正法的杆系结构非线性破坏分析[J]. 钢结构,2015,30(05):1-5.

7. 刘国光,武志玮,程国勇,等. 改进敏感性指标法的杆系结构易损性分析[J]. 深圳大学学报:理工版,2014,31(05):504-512.

8. 刘国光,武志玮,刘慧源,等. 基于改进应力变化率法的空间杆系结构鲁棒性分析[J]. 振动与冲击,2014,33(18):77-83.

9. 刘国光,武志玮,易莹. 采用荷载缓和体系的单向张弦梁结构静力性能研究[J]. 建筑结构,2014,44(04):78-81.

10. 刘国光,武志玮,徐有华. 某超高层建筑行人高度风环境的风洞实验研究[J]. 科技通报,2013,29(09):81-85,88.

11. 刘国光,武志玮. 具有荷载缓和功能的双索张弦桁架结构静动力性能研究[J]. 空间结构,2013,19(03):39-44.

12. 姚彦贵,宁冬,武志玮,等. 假想堆芯熔化严重事故下反应堆压力容器完整性的研究进展与建议[J]. 核技术,2013,36(04):76-81.

13. 武志玮,宁冬,姚伟达. 严重事故下反应堆压力容器材料高温蠕变研究进展[J]. 核安全,2011(02):20-24,79.

14. 武志玮,杨文,张进东,等. 退火温度对纤维复合 Cu-12%Ag 合金应力-应变行为的影响[J]. 材料热处理学报,2008,(04):12-15.

15. 武志玮,王玉林,黄远,等. Ti 离子注入 H13 钢表面改性研究[J]. 金属热处理,2006,(06):61-65.

二、发明专利

1. 刘国光,武志玮. 一种木结构矩形平板网架. 中国发明专利授权:ZL201010574641X, 2012 年 4 月.

2. 刘国光,武志玮. 一种具有缓和拉索内力作用的球节点固定支座. 中国发明专利授权:ZL2012100759959,2013 年 10 月.

3. 刘国光,武志玮. 一种具有缓和拉索内力作用的球节点滑动支座. 中国发明专利授权:ZL2012100755337,2013 年 10 月.

4. 刘国光,武志玮. 一种具有荷载缓和作用的张弦桁架结构及实施方法. 中国发明专利授权:ZL2012100759944,2014 年 2 月.

5. 刘国光,武志玮. 一种具有荷载缓和作用的张弦桁架结构及实施方法. 中国发明专利授权:ZL2012100759944,2014 年 2 月.

6. 刘国光,武志玮. 张弦充气膜杂交结构悬浮式空中机场. 中国发明专利授权:ZL2012101793209,2014 年 1 月.

7. 武志玮,陈屹巍,刘国光,等. 一种在役杆件磁通量测试系统及控制方法. 中国发明专利授权:ZL2014100287995,2016 年 7 月.

8. 刘国光,武志玮,薛涛. 一种张拉整体结构使用的多层螺栓球节点. 中国发明专利授权:ZL2015109403163,2017 年 6 月.

参考文献

[1] 丁阳,葛金刚,李忠献.空间网格结构连续倒塌分析的瞬时移除构件法[J].天津大学学报,2011,44(6):471-476.

[2] 王磊,陈以一.连续倒塌动力效应对极限承载力影响的数值分析[J].结构工程师,2009,25(4):30-34.

[3] 蔡建国,王蜂岚,冯健,等.连续倒塌分析中结构重要构建的研究现状[J].工业建筑,2011,41(10):85-89.

[4] 王铁成,刘传卿.连续倒塌现象中结构动态响应特性的分析[J].振动与冲击,2010,29(5):69-73.

[5] 蔡建国,王蜂岚,冯健,等.大跨空间结构连续倒塌分析若干问题探讨[J].工程力学,2012,29(3):143-149.

[6] 周健,陈素文,苏骏,等.虹桥综合交通枢纽结构连续倒塌分析研究[J].建筑结构学报,2010,31(5):174-180.

[7] 舒赣平,凤俊敏,陈绍礼.对英国防结构倒塌设计规范中拉结力法的研究[J].钢结构,2009,24(6):51-56.

[8] 郑阳,邹道勤,杨涛.基于悬链线理论的钢结构抗连续性倒塌分析[J].钢结构,2012,27(9):11-15.

[9] 傅学怡,黄俊海.结构抗连续倒塌设计分析方法探讨[J].建筑结构学报,2009,30(s1):195-199.

[10] 马人乐,林国铎,陈俊岭,等.水平分布柱间支撑对多高层钢框架抗连续倒塌性能的影响[J].东南大学学报:自然科学版,2009,39(6):1200-1205.

[11] 蔡建国,王蜂岚,冯健,等.新广州站索拱结构屋盖体系连续倒塌分析[J].建筑结构学报,2010,31(7):103-109.

[12] 丁阳,汪明,李忠献.爆炸荷载作用下钢框架结构连续倒塌分析[J].建筑结构学报,2012,33(2):78-84.

[13] 阎石,王积慧,王丹,等.爆炸荷载作用下框架结构的连续倒塌机理分析[J].工程力学,2009,26(z1):119-123.

[14] 顾祥林,印小晶,林峰,等.建筑结构倒塌过程模拟与防倒塌设计[J].建筑结构学报,2010,31(6):179-187.

[15] 胡晓斌,钱稼茹.单层平面钢框架连续倒塌动力效应分析[J].工程力学,2008,25(6):38-43.

[16] 何健,袁行飞,金波.索穹顶结构局部断索分析[J].振动与冲击,2010,29(11):13-16.

[17] 高博青,杜文风,董石麟.一种判定杆系结构动力稳定的新方法:应力变化率法[J].浙江大学学报:工学版,2006,40(3):506-510.

[18] 李志安,何江飞,高博青.大跨度张弦梁结构易损性及评估分析[J].建筑结构,2013,43(2):41-44.

[19] 高博青,杜文风,刘福棋,等.单层网壳的敏感性分析[C]//第十一届空间结构学术会议论文集.北京:中国土木工程学会,2005:160-164.

[20] 何江飞,高博青.桁架结构的易损性评价及破坏场景识别研究[J].浙江大学学报:工学版,2012,46(9):1634-1637.

[21] 张成,吴慧,高博青,等.基于模糊聚类的网架结构动力失效模式识别[J].浙江大学学报:工学版,2011,45(7):1276-1280.

[22] 梁益,陆新征,李易,等.国外 RC 框架抗连续倒塌设计方法的检验与分析[J].建筑结构,2010,40(2):8-12.

[23] 吕大刚,宋鹏彦,崔双双,等.结构鲁棒性及其评价指标[J].建筑结构学报,2011,32(11):44-54.

[24] 蔡建国,王蜂岚,冯健.大跨空间结构抗连续性倒塌概念设计[J].建筑结构学报,2009(z1):283-287.

[25] 赵楠,马凯,李婷,等.防连续倒塌设计在张弦结构中的应用[J].钢结构,2011,26(5):38-44.

[26] 吕大刚,崔双双,李雁军,等.基于备用荷载路径 Pushover 方法的结构连续性倒塌鲁棒性分析[J].建筑结构学报,2009(z2):112-118.

[27] 江晓峰,陈以一.建筑结构连续性倒塌及其控制设计的研究现状[J].土木工程学报,2008,41(6):1-8.

[28] 胡庆昌.结构的坚固性及钢筋混凝土房屋防连续倒塌设计概念[J].建筑结构学报,2008,38(1):1-2.

[29] 朱丙寅,胡北,胡纯炀.莫斯科中国贸易中心工程防止结构连续倒塌设计[J].建筑结构,2007,37(12):6-9

[30] 刘国光,武志玮,谭震.一种高冗余度张弦桁架结构及实施方法[P].中国专利:CN102653965A.

[31] 白坚,郑晓晖.关于统计能量法理论基础的探讨[J].工程力学报,1991,8(3):116-123.

[32] 张红亮,孔宪仁.利用子空间法识别统计能量分析参数[J].工程力学报,2012,29(1):13-19.

[33] 陈剑,高煜.车内相似耦合声场的设计参数灵敏度分析[J].农业机械学报,2008,39(11):187-191.

[34] 张建,顾崇衔.相关输入时保守或非保守耦合系统的统计能量分析[J].振动工程学报,1990,3(4):10-17.

[35] DAVIES G, NEAL B G. The dynamical behavior of a strut in a truss framework [J]. Proc Royal Soc, 1959(A253):542-562.

[36] SHARIF R. Decomposition methods for structural reliability analysis revisited [J]. Probabilistic Engineering Mechanics,2011(26):357-363.

[37] 邵亮.统计能量法在船舶舱室噪声预报中的应用[J].船舶科学技术,2012,34(5):98-107.

[38] 丁少春,朱石坚.运用统计能量法研究壳体的振动与声辐射特性[J].船舶工程,2007,

　　29(6)：30－32.

[39] 赵建才,李堃.车辆动力总成悬置系统的能量法解耦仿真分析[J].上海交通大学学报,2008,42(6)：878－881.

[40] 曾纪杰,傅衣铭.正交各向异性圆柱壳的弹塑性屈曲分析[J].工程力学报,2006,23(10)：25－29.

[41] 马朝霞,陈思甜.高桥墩墩顶水平位移的计算与分析[J].重庆交通大学学报,2007,26(6)：50－54.

[42] 娄仲连,罗国煜.评估灌注桩极限承载力的概率能量法[J].高校地质学报,1998,4(4)：452－458.

[43] 胡列,姜节胜.一种复合材料层合板故障诊断的频响:广义模态能量法[J].复合材料学报,1993,10(1)：103－108.

[44] 黄方林,顾松年.用残余能量法诊断结构故障[J].机械强度,1996,18(4)：5－8.

[45] 刘国光,武志玮.基于改进应力变化率法的空间杆系结构鲁棒性分析[J].振动与冲击,2014,33(18)：77－83.

[46] 胡小会,梁斌.基于能量法的型钢混凝土构件的界面滑移[J].河南大学学报,2008,38(3)：323－326.

[47] 曾广武,郝刚.加肋圆柱壳的稳定性分析[J].计算结构力学及其应用,1998,28(4)：63－68.

[48] 秦国鹏,王连广.基于能量法的 GFRP 管与混凝土板组合梁轴向力计算[J].东北大学学报,2010,31(12)：1786－1789.

[49] 于建军,王连广.基于能量法的冷弯 U 型钢与混凝土组合梁界面剪力分析[J].沈阳建筑大学学报,2010,26(1)：108－111.

[50] 张军,陆森林.基于小波包能量法的滚动轴承故障诊断[J].农业机械学报,2007,38(10)：178－181.

[51] 李家宝.结构力学[M].北京:高等教育出版社,1999.

[52] HASHASH Y M A, HOOK J J, SCHMIDT B, ET AL. Seismic design and analysis of underground structures [J]. Tunnelling and Underground Space Technology, 2001, 16(4)：247－293.

[53] SHUN I N. Bending behavior of composite girders with cold formed steel U section [J]. Journal of Structural Engineering, 2002,128(9)：1342－1348.

[54] BEN Y, GREGORY J H. Cold-formed steel channels subjected to concentrated load[J]. Journal of Structural Engineering, 2003,129(8)：1002－1010.

[55] 王蜂岚.索拱结构屋盖体系的连续性倒塌分析[D].南京:东南大学,2009.

[56] 郑阳,邹道勤.基于 Neumann 级数的关键构件能量评价方法[J].结构工程师,2012,28(4)：63－68

[57] 丁承先,段元锋.向量式结构力学[M].北京:科学出版社,2012.

[58] 龚尧南.非线性有限元法的发展及应用[C]//中国土木工程学会计算机应用学会成立大会暨第一次学术交流会论文集.北京:中国土木工程学会,1981:12－18.

[59] PRZEMIENIECKI J S. Theory of matrix structural analysis[M]. New York :McGraw-Hill, 1968.

[60] 普齐米尼斯基. 矩阵结构分析理论[M]. 北京:国防工业出版社,1974.

[61] 欧阳可庆. 空间桁架大位移刚度矩阵[J]. 同济大学学报,1982(4):27 – 37.

[62] 张其林,沈祖炎. 空间桁架弹性大位移问题的增量有限元理论[J]. 工程力学,1991(03):45 – 54.

[63] 朱军,周光荣. 空间桁架结构大位移问题的有限元分析方法[J]. 计算力学学报,2000(03):339 – 342.

[64] 陆念力,顾迪民. 大位移杆系结构几何非线性分析与稳定性计算的有限元方法[J]. 建筑机械,1991(10):8 – 12.

[65] 刘小强,刘杰. 空间桁架结构的非线性追踪分析理论[J]. 建筑结构,1997(5):28 – 31.

[66] 王新敏. 杆系结构的几何非线性分析综述[J]. 石家庄铁道学院学报,1993(3):80 – 84.

[67] 王新敏. 空间桁架大位移问题的有限元分析[J]. 工程力学,1997(4):98 – 103.

[68] 戴伟珊. 基于径向基伽辽金无网格法的结构几何非线性分析[D]. 广州:华南理工大学,2010.

[69] 董石麟,张志宏. 空间网格结构几何非线性有限元分析方法的研究[J]. 计算力学学报,2002(3):365 – 368.

[70] HEYMAN J. Plastic design of portal frames[M]. Cambridge:Cambridge University Press,1957.

[71] 吴可伟. 空间杆系结构的弹塑性大位移分析[D]. 北京:清华大学,2012.

[72] 刘小强,吴惠弼. 高层钢框架的非线性分析模型[J]. 工程力学, 1993(4):42 – 51.

[73] 徐伟良,潘立本. 钢框架弹塑性大位移分析的单元刚度矩阵[J]. 重庆建筑大学学报,1998(4):27 – 34.

[74] 徐伟良,郑廷银. 钢结构的弹塑性大位移研究分析[J]. 四川建筑科学研究,2006(01):5 – 9.

[75] 沈祖炎,杨宝明. 空间网架结构非线性分析[C]//第六届空间结构学术会议论文集. 北京:中国土木工程学会,1992.

[76] 贺子龙. 空间桁架结构弹塑性稳定性分析的共旋坐标法[J]. 中外建筑,2006(03):91 – 93.

[77] 倪秋斌,丁从潮. 基于向量式结构力学的空间桁架非线性静力分析[J]. 空间结构,2013(03):33 – 38.

[78] 刘国光,武志玮. 采用荷载缓和体系的单向张弦桁架结构静力性能研究[J]. 建筑结构,2014(4):78 – 81.

[79] 叶康生,吴可伟. 空间杆系结构的弹塑性大位移分析[J]. 工程力学,2013(11):1 – 8.

[80] 罗永峰,沈祖炎. 单层网壳结构弹塑性稳定试验研究[J]. 土木工程学报,1995(4),33 – 40.

[81] 喻莹,罗尧治. 基于有限质点法的结构倒塌破坏研究I:基本方法[J]. 建筑结构学报,2011(11),17 – 26.

[82] 范峰,严佳川. 考虑杆件失稳影响的网壳结构稳定性研究[J]. 土木工程学报,2012(5),8 – 17.

[83] 崔昌禹,姜宝石. 基于敏感度的杆系结构形态创构方法[J]. 土木工程学报,2013(7),

1 - 8.

[84] 沈世钊. 网壳结构的稳定性[J]. 土木工程学报,1999(06):11 - 19.

[85] 沈晓明,舒赣平. 不规则划分单层网壳结构稳定性分析[J]. 建筑结构,2009(S1):101 - 104.

[86] 李忠学. 初始几何缺陷对网壳结构静、动力稳定性承载力的影响[J]. 土木工程学报,2002(01):11 - 14。

[87] 葛金刚,刘晗晗. 单层球面网壳结构抗连续倒塌设计[J]. 建筑钢结构进展,2013(06):20 - 24.

[88] 唐敢,尹凌峰. 单层网壳结构稳定性分析的改进随机缺陷法[J]. 空间结构,2004(04):44 - 47.

[89] 严佳川,范峰. 杆件初弯曲对网壳结构弹塑性稳定性能影响研究[J]. 建筑结构学报,2012(12):63 - 71.

[90] 卢家森,张其林. 基于可靠度的单层网壳稳定设计方法[J]. 建筑结构学报,2006(06):108 - 113.

[91] 刘文静,李黎. ANSYS 环境下的网壳结构优化设计[J]. 空间结构,2008(02):38 - 41.

[92] 单鲁阳,严慧. 大跨度双层圆柱面网壳结构的优化分析[J]. 建筑结构学报,1999(06):47 - 55.

[93] 齐月芹. 大跨度网壳结构优化设计研究[J]. 施工技术,2009(S2):393 - 395.

[94] 薛慧立,甘明,柯长华,等. 单层网壳结构弹塑性稳定性和优化设计研究[J]. 建筑结构,2008(01):105 - 110.

[95] 贺拥军,齐冬莲. 混沌优化法在双层圆柱面网壳结构优化中的应用[J]. 煤炭学报,2001(06):663 - 666.

[96] 齐月芹,张婷. 基于风洞试验成果的大跨度网壳结构优化[J]. 空间结构,2011(02):30 - 34.

[97] 尚凌云,鹿晓阳. 基于离散变量的网壳结构截面优化设计[J]. 工业建筑,2004(09):74 - 77.

[98] 中华人民共和国建设部,中华人民共和国质量监督检验检疫总局. 建筑结构荷载规范:GB 50009—2001[S]. 北京:中国建筑工业出版社,2001.

[99] 中华人民共和国建设部,中华人民共和国质量监督检验检疫总局. 钢结构设计规范:GB 50017—2003[S]. 北京:中国建筑工业出版社,2001.

[100] SHBEEB N I, BINIENDA W K. Analysis of an interface crack for a functionally graded strip sandwiched between two homogeneous layers of finite thickness[J]. Engineering Fracture Mechanics ,1992(64) ,693 - 720.

[101] 张爱林,葛家琪. 2008 年北京奥运会羽毛球、艺术体操比赛馆屋盖预应力钢结构体系初步优化设计方案[C]//第五届全国现代结构工程学术研讨会论文集. 北京:中国钢结构协会,中国建筑金属结构协会,2005:40 - 45.

[102] 杨晖柱,王洪军,张其林,等. 安徽大学体育馆弦支穹顶钢屋盖结构的设计[C]//第五届全国现代结构工程学术研讨会论文集. 北京:中国钢结构协会,中国建筑金属结构协会,2005:349 - 355.

[103] 蓝天. 空间钢结构研究和运用的进展[J]. 建筑钢结构进展,2004,6(1):1 - 6.

[104] 董石麟. 预应力大跨度空间钢结构的运用与展望[J]. 空间结构,2001,7(4):32.

[105] 左晨然,陈志华,毕继红. 弦支穹顶结构的线性和非线性分析[C]//第二届全国现代结构工程学术研讨会论文集. [出版地不详]:中国土木工程学会,2002:412–416.

[106] 尹越,韩庆华,谢礼立,等. 一种新型杂交空间网格结构:弦支穹顶[C]//第十届全国结构工程学术会议论文集. [出版地不详]:中国土木工程学会,2001:772–776.

[107] 刘锡良,夏定武. 索穹顶与张拉整体穹顶[J]. 空间结构,1997,3(2):10–17.

[108] 罗尧治,曹国辉. 预应力拉索网格结构的设计与研究[J]. 土木工程学报,2004,37(3):32.

[109] KAWAGUCHI M ,ABE M, HATATO T, ET AL. Structural tests on the " suspendome" system[J]. Proceedings so the IASS symposium,1994(2):384–92.

[110] KITIPORNCHAI S, WENJIANG K, HEUNG F L. Factors affecting the design and construction of Lamella suspend-dome systems [J]. Journal of Constructional Steel Research, 2005(3):764–785 .

[111] 袁行飞,董石麟. 索穹顶结构整体可行预应力概念及应用[J]. 土木工程学报,2000,34(2):33–37.

[112] 田国伟,刘金鹏,刘兴业,等. 弦支穹顶结构中预应力的设定原则[C]//第二届全国现代结构工程学术研论会论文集. [出版地不详]:中国土木工程学会,2002:405–407.

[113] 刘开国. 索承网壳结构在轴对称荷载作用下的分析[J]. 空间结构,2004,10(4):23–26.

[114] 崔晓强,郭彦林. Kiewitt 型弦支穹顶结构的弹性极限承载力研究[J]. 建筑结构学报,2003,24(1):74–79.

[115] 张明山,包红泽,张志宏,等. 弦支穹顶结构的预应力优化设计[J],空间结构,2004,10(1):26–30.

[116] 司炳君,董伟. 两种形态索承网壳承载力比较分析[J]. 钢结构,2005,20(82):8–11.

[117] 邵伟清. 弦支穹顶结构非线性稳定性分析[J]. 钢结构,2005,20(82):4–7.

[118] 张明山,董石麟. 弦支穹顶结构初始预应力分布的确定及稳定性分析[J]. 空间结构,2004,10(2):8–12.

[119] 陆赐麟. 现代预应力钢结构[M]. 北京:人民交通出版社,2003.

[120] MAMORU K, MASARU A, IKUO T. Designtest and realization of " suspend dome" systems[J]. Journal of the International Association for Shell and Spatial Structures, 1999, 40(131):179–192.

[121] HANGAI Y, KAWAGUCHI K, ODA K. Self-equilibrated stress system and structural behavior of truss structures stabilized by cable tension[J]. International Journal of Space Structures, 1992,7(2):91–99.

[122] 贡金鑫. 工程结构可靠性基本理论的发展与应用[J]. 建筑结构学报, 2002, 23(4):2–9.

[123] 刘玉彬. 工程结构可靠度理论研究综述[J]. 吉林建筑工程学院学报, 2002, 19(2):41–43.

[124] 贡金鑫,赵国藩. 国外结构可靠性理论的应用与发展[J]. 土木工程学报, 2005, 38

(2):1-7.

[125] FREUDENTHAL A M. Safety and the probability of structural failure[J]. Proceedings of the Japan Society of Civil Engineers,1956(3):137-139.

[126] 章宝华. 结构可靠度理论在基础工程中的应用分析[D]. 南昌:南昌大学,2009.

[127] 李典庆,周建方. 结构可靠度计算方法述评[J]. 河海大学常州分校学报,2000,14(1):34-42.

[128] 王墩. 工程结构设计可靠度理论综述[J]. 工业建筑,2008(38):217-221.

[129] 刘玉彬. 刘玉彬工程结构可靠度理论的研究现状与展望[J]. 大连民族学院学报,2006(34):1-3.

[130] 赵国藩. 工程结构可靠性理论与应用[M]. 大连:大连理工大学出版社,1996.

[131] 赵国藩,金伟良,贡金鑫. 结构可靠度理论[M]. 北京:中国建筑工业出版社,2000.

[132] 郭彬彬. 结构可靠度理论研究进展[J]. 华南地震,2014(s1):76-79.

[133] 邓子胜. 工程结构可靠度设计的研究与应用进展[J]. 五邑大学学报,2001,15(3):19-25

[134] 李国强. 结构设计的发展方向:以整体结构可靠度为目标的结构设计[C]//工程结构可靠性全国第三届学术交流会议论文集. 北京:中国土木工程学会,1992:121-125.

[135] 黄慎江. 以体系可靠度为目标的结构设计[J]. 淮南矿业学院学报,1997,17(4):24-28.

[136] 宋笔锋. 大型结构可靠性优化设计的大系统方法[J]. 力学进展,2000,30(1):29-36.

[137] 郭书祥. 结构体系失效概率计算的一种快速有效方法[J]. 计算力学学报,2007,24(1):107-110.

[138] 张道兵. 多失效模式相关下的结构系统可靠度计算研究[J]. 采矿与安全工程学报,2013,30(1):100-106.

[139] 中华人民共和国住房和城乡建设部,中华人民共和国国家质量监督检验检疫总局. 工程结构可靠度设计统一标准:GB 50153—2008[S]. 北京:中国计划出版社,2008.

[140] 李继华. 建筑结构概率极限状态设计[M]. 北京:中国建筑工业出版社,1990.

[141] 张伟. 结构可靠性理论与应用[M]. 北京:科学出版社,2008.

[142] 高谦,吴顺川. 土木工程可靠性理论及其应用[M]. 北京:中国建材工业出版社,2007.

[143] 完海鹰,黄炳生. 大跨空间结构[M]. 北京:中国建筑工业出版社,2007.

[144] 于振兴,刘文峰. 工程结构倒塌案例分析[J]. 工程建设,2009,41(2):1-3.

[145] 宋笔锋,张永苍. 结构体系失效概率计算方法及应用[M]. 北京:国防工业出版社,2011.

[146] 董聪. 现代结构系统可靠性理论及其应用[M]. 北京:科学出版社,2001.

[147] 盛骤,谢式千. 概率论与数理统计[M]. 北京:高等教育出版社,2008.

[148] 董聪. 现代结构系统可靠性理论[D]. 西安:西北工业大学,1993.

[149] 董聪,夏人伟. 现代结构系统可靠性评估理论研究进展[J]. 力学进展,1995,25(4):537-547

[150] BUCHER C G, BOURGUND U. Struct[J]. Safety, 1990(7):57 – 66

[151] 朱殿芳,陈建康. 结构可靠度分析方法综述[J]. 中国农村水利水电,2002(8):47 – 49.

[152] 李斯贤,许峰. 结构分析的能量法应用[J]. 江苏理工大学学报,1998(01):32.

[153] 王秀丽,柴宏. 能量法在端板连接节点板设计中的应用[C]//第四届全国现代结构工程学术研讨会论文集. 北京:中国钢结构协会,中国建筑金属结构协会,2004:858 – 862.